登峰造极之径系列

# AutoCAD 2018 中文版
# 机械制图标准教程

于广滨　刁立龙　戴　冰　编著

机 械 工 业 出 版 社

本书全面、系统地介绍了 AutoCAD 2018 的使用方法和进行机械设计绘图的应用技巧。全书共 12 章，内容包括 AutoCAD 2018 基础知识，平面图形的绘制与编辑，快速绘图工具，文本、表格和尺寸标注，机械图样模板的制作与使用，零件图的绘制，装配图的绘制，常用件和标准件的绘制，轮类零件设计，盘盖类零件设计，箱壳类零件设计和零件装配图的绘制。本书配有视频教学和电子教案等内容，方便读者自学和课堂教学使用。

本书内容通俗易懂，结构清晰，图文并茂，循序渐进，具有很强的实用性。本书特别适合 AutoCAD 的初、中级用户自学，可作为各类 AutoCAD 培训班和高等院校机械类专业的教材，也可作为从事机械设计和绘图的工程技术人员的参考资料。

## 图书在版编目（CIP）数据

AutoCAD2018 中文版机械制图标准教程 / 于广滨，刁立龙，戴冰编著.
—3 版. —北京：机械工业出版社，2019.9
（登峰造极之径系列）
ISBN 978-7-111-63580-2

Ⅰ. ①A… Ⅱ. ①于… ②刁… ③戴… Ⅲ. ①机械制图－AutoCAD 软件－教材 Ⅳ. ①TH126

中国版本图书馆 CIP 数据核字（2019）第 188747 号

机械工业出版社（北京市百万庄大街 22 号　邮政编码 100037）

策划编辑：孙　业　　责任编辑：孙　业　李晓波
责任校对：张艳霞　　责任印制：郜　敏

北京圣夫亚美印刷有限公司印刷

2019 年 9 月第 3 版·第 1 次印刷
184mm×260mm·14.25 印张·349 千字
0001－3000 册
标准书号：ISBN 978-7-111-63580-2
定价：55.00 元

电话服务　　　　　　　　　　网络服务
客服电话：010-88361066　　机 工 官 网：www.cmpbook.com
　　　　　010-88379833　　机 工 官 博：weibo.com/cmp1952
　　　　　010-68326294　　金 书 网：www.golden-book.com
封底无防伪标均为盗版　　机工教育服务网：www.cmpedu.com

# 前　言

AutoCAD 是美国 Autodesk 公司推出的计算机辅助设计软件。它的诞生与应用推动了机械设计、建筑设计、电子设计、服装设计和影视制作等领域的发展。AutoCAD 2018 是 Autodesk 公司推出的一个全新的版本，它的功能在原有版本的基础上得到了大幅度提升。

本书全面介绍了 AutoCAD 2018 中文版的功能，并列举了许多机械设计中常用的典型操作实例，可以帮助读者在短时间内熟练掌握 AutoCAD 2018 中文版机械制图的方法，并从中体会其强大的设计功能。

本书在内容上不求面面俱到，而是更注重实际需求。软件中的命令和操作步骤均结合实例进行介绍，并且每一个实例都是从最基本的操作开始讲解，使读者可以轻松地掌握操作方法。即使是从未接触过 AutoCAD 的新手，只要按照书中介绍的操作步骤进行学习，就可以很轻松地掌握图形的绘制方法。本书在详细讲解操作实例的基础上，还配有一定数量与实例相关的练习题。

对于初学者来说，认真学完书中所有的实例，就可以在短时间内成为一名合格的 AutoCAD 用户；对于中级用户，学习本书能进一步提高使用 AutoCAD 进行机械设计的能力和操作技巧。

## 读者对象

本书主要面向利用 AutoCAD 2018 进行计算机辅助设计的初、中级用户，特别适合作为培训班和高等院校相关专业的教材和参考用书，也可作为机械设计人员的参考资料。

## 配套资源

本书免费提供多媒体视频教学资源，内容包括对每章的综合案例进行全程操作演示和语音讲解。为便于教师授课，还精心组织和提炼了书中的重点内容，并将其制成了电子教案。

配套资源的内容说明。

### 1．"资源"文件夹

书中讲述的各个案例用到的素材文件和最终结果文件按章进行分类，存放在各自的文件夹中。文件夹中还包含每章问答题的答案和操作题的最终结果文件。

### 2．"操作视频"文件夹

为了帮助读者更好地掌握综合案例的制作，本文件夹中有操作过程的视频文件，供读者参考。

### 3．"教案"文件夹

每一章所配套的电子教案（\*.ppt 文件）都放在这个文件夹中，为教师的授课提供了方便。

配套资源的下载方法见封底。

本书由于广滨、刁立龙和戴冰共同编写。其中于广滨负责第 1～5 章的编写，刁立龙负责第 6～8 章的编写，戴冰负责第 9～12 章的编写，由于广滨负责统稿。

由于编者水平有限，书中难免会存在一些纰漏，欢迎广大读者和专家批评指正。

编　者

# 目　录

# 第 1 章 AutoCAD 2018 基础知识

CAD（Computer Aided Design）即计算机辅助设计，而 AutoCAD 是美国 Autodesk 公司开发的计算机辅助设计软件。自 1982 年 12 月推出的第一个版本 CAD 1.0 以来，已经进行了 20 多次的升级，其功能更加强大、操作更加方便，已经成为世界上应用最广泛的计算机辅助设计软件之一，目前已被广泛应用于建筑、机械、汽车、土木、桥梁等各个领域中。AutoCAD 2018 是 Autodesk 至今推出的版本之一，这个版本与 2016 版的 DWG 文件及应用程序能很好的兼容，拥有非常好的整合性，增强了面板控制台功能，从而使 AutoCAD 日趋完善。

本章主要介绍 AutoCAD 绘图环境的设置和基本的输入操作。

📖 **重点知识**

- 认识 AutoCAD 2018 与机械设计的关系
- 熟悉 AutoCAD 2018 的工作环境
- 掌握绘图环境的设置
- 了解基本的输入操作

## 1.1 AutoCAD 2018 在机械设计中的应用

图形是表达和交流技术思想的工具，特别在机械设计的过程中，图形是工程技术人员不可缺少的交流工具。随着 CAD 技术的飞速发展和普及，越来越多的工程设计人员开始使用计算机绘制各种图形，从而解决了传统手工绘图中存在的效率低、绘图准确度差及劳动强度大等问题，特别是 AutoCAD 强大的编辑功能、符号库和二次开发功能，使其成为机械设计领域使用最为广泛的计算机绘图软件。

## 1.2 工作界面和基本操作

启动 AutoCAD 2018 后，设计人员可以利用菜单、工具栏、快捷图标和命令行完成对图形的绘制。

### 1.2.1 界面组成

AutoCAD 2018 提供了"草图与注释""三维基础""三维建模"和"AutoCAD 经典"四

种工作空间模式。用户可以轻松地利用【工作空间】工具栏来切换工作空间，在默认状态下打开的是"二维草图与注释"工作空间。它是在 AutoCAD 2018 中新增加的工作空间，其界面主要包含了与二维草图和注释相关的菜单栏、工具栏、"面板"选项板、绘图窗口、文本窗口与命令行、状态栏等元素，如图 1-1 所示。

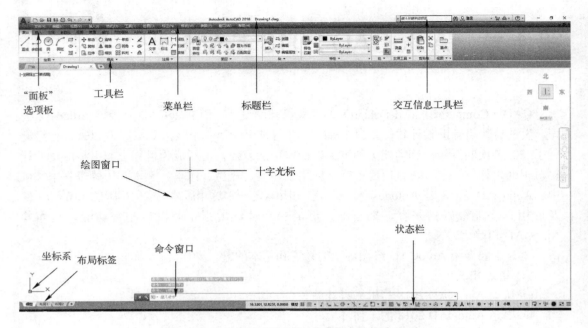

图 1-1　AutoCAD 2018 "三维草图与注释"界面

（1）标题栏位于应用程序窗口的最上面，用于显示当前正在运行的程序名、版本及当前绘制的图形文件的文件名。如果是 AutoCAD 默认的图形文件，其名称则为"AutoCAD 2018- [DrawingN.dwg]"（N 是数字)。

（2）菜单栏位于标题栏的下方，主要由【文件】【编辑】【视图】等菜单组成，它们几乎包括了 AutoCAD 2018 中全部的命令。用户只要单击其中的一个菜单，即可得到该菜单的子菜单。

（3）工具栏是由形象化的图标按钮组成的。将鼠标或定点设备移到工具栏按钮上时，工具栏提示将显示按钮的名称，同时在状态栏中显示该图标按钮的功能与相应的命令名称。右下角带有小黑三角形的按钮是指包含相关命令的弹出工具栏。将光标放在图标上，然后单击鼠标左键就会显示出弹出工具栏。

（4）绘图窗口是用户进行绘制图形的区域，即界面中间较大的空白区域。

（5）命令窗口位于绘图窗口的底部，它是一个既可固定又可调整大小的窗口，用于输入命令和显示命令提示信息。默认情况下，命令窗口是固定的，将光标指向命令行的左端，按住鼠标左键就可以将其拖到其他位置，使它成为浮动状态。命令行也可以通过按 Ctrl + 9 组合键将其隐藏。

（6）选项板是一个十分有用的辅助设计工具，为用户提供了最常用的各类图形块和填充图案等内容。

（7）状态栏位于 AutoCAD 用户界面的最底部，用于显示或设置当前的绘图状态。最左边的数字反映当前光标的坐标，其余按钮从左到右分别表示当前是否启用了捕捉、栅格、正交、极轴追踪、对象捕捉、对象追踪、DUCS（动态 UCS）、DYN（动态输入）等功能以及是否显示线宽、当前的绘图空间等信息。单击某一按钮实现启用或关闭对应功能的切换。通常按钮被按下时启用对应的功能，按钮弹起时则关闭此功能。

## 1.2.2　绘图环境的设置

为了提高绘图的效率，用户可以进行很多关于窗口的设置和绘图环境的设置，但对于一般的用户来说，使用系统默认的绘图环境设置就可以了。在 AutoCAD 2018 中可以用多种方法进行绘图环境的设置。

操作方式：

● 菜单命令：【工具】/【选项】

● 命令行：options (op)

执行以上命令后，弹出【选项】对话框，如图 1-2 所示。

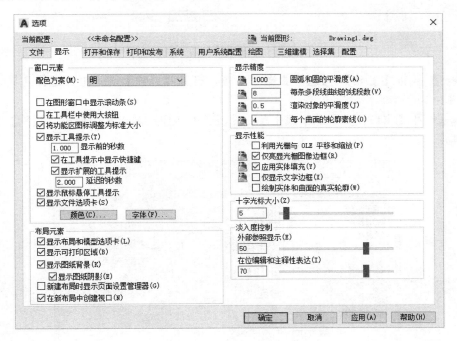

图 1-2　【选项】对话框

### 1．设置搜索路径、文件名和文件位置

在【选项】对话框中选择【文件】选项卡，如图 1-3 所示，列出程序在其中搜索支持文件、驱动程序文件、菜单文件和其他文件的文件夹。

### 2．设置绘图区的背景颜色

在 AutoCAD 2018 中，绘图区的背景颜色是可以进行改变的，默认情况下使用的是黑色，用户也可以根据需要进行修改。

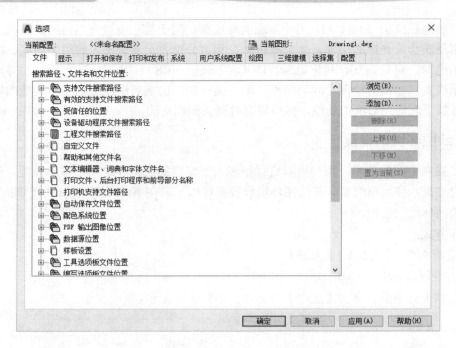

图 1-3 【文件】选项卡

步骤 1 执行【工具】/【选项】菜单命令，打开【选项】对话框，选择【显示】选项卡，如图 1-2 所示。

步骤 2 在【窗口元素】选项组中单击【颜色】按钮，弹出【图形窗口颜色】对话框，如图 1-4 所示。

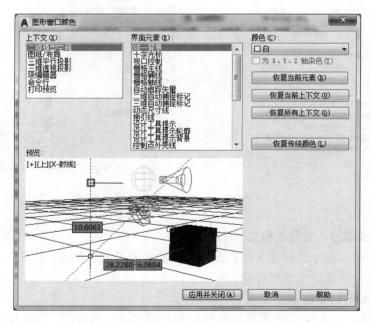

图 1-4 【图形窗口颜色】对话框

步骤 3 在【颜色】下拉列表中选择自己喜欢的颜色，单击 应用并关闭(A) 按钮。

**步骤 4**　单击 确定 按钮，完成绘图区背景颜色的设置。

### 3．打开和保存选项的设置

在【选项】对话框中选择【打开和保存】选项卡，如图 1-5 所示，【打开和保存】选项卡用来控制打开和保存文件的相关设置。在【文件保存】选项组中，可以设置图形的默认保存格式，在 AutoCAD 2018 中文件被保存为 AutoCAD 2018 图形（*.dwg）的格式，用户可以根据自己的需要灵活地调整文件保存的格式；在【文件安全措施】选项组中可以设置文件是否自动保存以及自动保存的时间，系统默认自动保存时间是 10min，单击 数字签名... 按钮，可以为图形设置用于打开该图形的密码或短语。

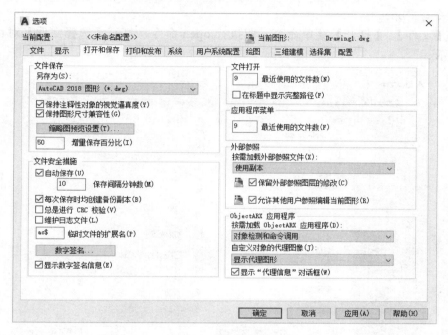

图 1-5　【打开和保存】选项卡

## 1.3　图形文件的管理

图形文件的管理一般包括新建图形文件、打开图形文件、保存图形文件和关闭图形文件等操作，这也是用户绘图的基础操作。

### 1.3.1　新建图形文件

在绘图时，首先需要建立一个图形文件，AutoCAD 2018 提供了多种新建图形文件的方法。

- 菜单命令：【文件】/【新建】
- 工具栏：单击【标准】工具栏中的 按钮
- 命令行：new

执行【文件】/【新建】菜单命令，即执行 new 命令，打开【选择样板】对话框，可以在【文件类型】下拉列表中选择某一样本文件，这时会在其右侧的【预览】区中显示该样本的图形。

> 注意：在 AutoCAD 中输入命令，不区分大小写。

## 1.3.2 打开图形文件

可以利用【打开】命令来浏览或编辑绘制好的图形文件。

● 菜单命令：【文件】/【打开】
● 工具栏：单击【标准】工具栏中的 ⏏ 按钮
● 命令行：open

执行【文件】/【打开】菜单命令，即执行 open 命令，打开【选择文件】对话框，如图 1-6 所示。

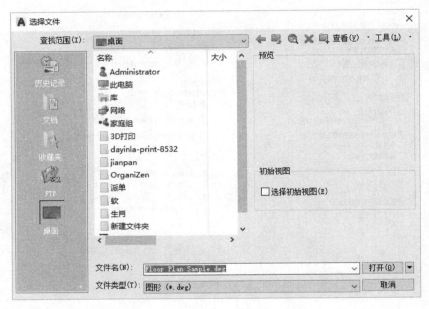

图 1-6 【选择文件】对话框

在【选择文件】对话框的文件列表框中选择需要打开的文件，在右边的【预览】区中可以同时显示该图形的预览图形。默认情况下，打开的是.dwg 格式的文件。

在 AutoCAD 2018 中可以以"打开""以只读方式打开""局部打开""以只读方式局部打开" 4 种方式打开文件图形。其中，以"打开""局部打开"方式打开文件时，打开的文件可以进行编辑；而以"以只读方式打开""以只读方式局部打开"方式打开文件时，打开的文件无法进行编辑。

如果需要打开的图形比较大，会导致打开文件的速度比较慢，这时可以采取"局部打开"方式打开需要使用的视图和图层来提高打开图形文件的效率。

## 1.3.3 采取"局部打开"方式打开图形文件

步骤 1 执行【文件】/【打开】菜单命令，打开【选择文件】对话框。
步骤 2 在【选择文件】对话框中选择一个图形。

**步骤 3** 单击 打开(O) ▼ 按钮旁边的小箭头，并选择【局部打开】选项，如图 1-7 所示。

图 1-7 【打开】下拉列表

**步骤 4** 打开【局部打开】对话框，如图 1-8 所示。

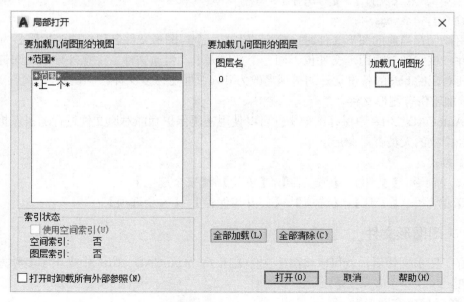

图 1-8 【局部打开】对话框

**步骤 5** 在【局部打开】对话框中选择一个视图，默认为"范围"视图，可以只加载保存在当前图形中的来自模型空间视图的几何图形。

**步骤 6** 选择一个或多个图层，然后单击 打开(O) 按钮，即可局部打开所需的图形。

> **说明：** "局部打开"只加载选定视图中的几何图形，而且只能加载一个视图中的几何图形，但是可以加载一个或多个图层上的几何图形。默认视图为"范围"。只有选定的视图和选定的图层中共有的几何对象才会加载到图层中。

## 1.3.4 保存图形文件

绘制好图形后，就可以对其进行保存了。在对图形进行处理时，用户应当经常对其进行保存，以防止在出现电源故障或发生其他意外事件时造成图形及其数据的丢失，AutoCAD 默认每 10min 保存一次。如果要创建图形的新版本而不影响原图形，可以用一个新名称保存它。

### 1. 以当前文件名保存图形

操作方式：

- 菜单命令：【文件】/【保存】
- 工具栏：单击【标准】工具栏中的 🖫 按钮
- 命令行：qsave

执行【文件】/【保存】菜单命令，即执行 qsave 命令，当前图形文件将以原名称直接保存。

### 2. 指定新的文件名保存图形

操作方式：

- 菜单命令：【文件】/【另保存】
- 命令行：saveas

在用户保存当前的图形文件时，会自动生成一个与图形文件名称相同的扩展名为.bak 的备份文件，该文件与原图形文件位于同一个文件夹中。当原文件发生意外导致无法打开时，可以将其对应的.bak 的备份文件的扩展名改为.dwg，即可恢复文件。

### 3. 加密保存图形文件

在 AutoCAD 2018 中保存图形文件可以使用密码保护功能对原文件进行加密保护，从而拒绝未经授权的人员查看图形。

操作方式：

- 菜单命令：【文件】/【另保存】/【工具】/【安全选项】
- 菜单命令：【工具】/【选项】/【打开与保存】/【安全选项】

## 1.3.5 关闭图形文件

保存了图形文件后，就可以将图形文件关闭了，AutoCAD 2018 中提供了多种方法关闭图形文件。

### 1. 关闭前保存图形

操作方式：

- 菜单命令：【文件】/【关闭】
- 命令行：close

● 单击绘图窗口右上角的 [×] 按钮

如果图形文件尚未保存，系统将弹出如图 1-9 所示的对话框，提示用户是否保存文件。

**2．退出 AutoCAD 2018 系统**

操作方式：

● 菜单命令：【文件】/【退出】

● 命令行：exit

● 单击绘标题栏右上角的　×　按钮

## 1.3.6　图形修复

操作方式：

● 菜单命令：【文件】/【图形使用工具】/【图形修复管理器】

● 命令行：drawingrecovery

执行上述命令后，系统打开图形修复管理器，如图 1-10 所示，弹出"备份文件"列表中的文件，可以重新保存，从而进行修复。

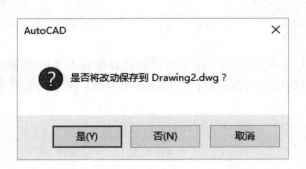

图 1-9　是否进行文件保存的提示对话框

图 1-10　图形修复管理器

## 1.3.7　基本输入操作

### 1．【取消】命令

在使用 AutoCAD 2018 绘图的过程中，可以随时取消正在执行的命令。一是可以随时按

Esc 键取消当前正在执行的命令；二是在绘图窗口中单击鼠标右键，在弹出的快捷菜单中执行【取消】命令，如图 1-11 所示，取消正在执行的命令；三是在【标准】菜单中单击 ⟲ 按钮；四是执行【编辑】/【放弃】菜单命令；五是在命令行中输入"U"或者"Undo"命令。

> 说明："U"命令是"Undo"命令的一种特殊形式，执行一次"U"命令只能放弃命令序列中的一个，而"Undo"命令提供了更多的选项，一次可以放弃一个或多个以前的操作。

图 1-11　快捷菜单

### 2.【重复】命令

在 AutoCAD 2018 中，经常需要重复执行刚使用过的命令，这时就可以利用执行【重复】命令的方法来提高效率，在 AutoCAD 2018 中提供了多种使用【重复】命令的方法。

操作方式：

- 按 Enter 键或者按 Space 键。
- 在绘图窗口中单击鼠标右键，从弹出的快捷菜单中执行【重复】命令。
- 在命令行提示下，单击鼠标右键，从弹出的快捷菜单中执行【近期使用的命令】命令，然后选择相应的命令。
- 在命令行提示下，按向上键 ↑ ，依次浏览以前使用过的命令，找到后按 Enter 键执行。

### 3.【重做】命令

在放弃了一个或多个操作后，如果想恢复这些操作，可以执行【重做】命令进行恢复。

操作方式：

- 菜单命令：【编辑】/【重做】
- 工具栏：单击【标准】工具栏中的 ⟳ 按钮
- 命令行：redo

> 说明：【标准】工具栏中的 ⟳ 按钮可以重做之前的所有操作，而"redo"仅可以恢复刚刚放弃的操作中的最后一个。

### 4.【重生成】和【重画】命令

执行【重生成】命令可以在当前窗口中重生成整个图形并重新计算所有对象的屏幕坐标，此外还重新创建图形数据库索引，准确地显示图形数据，使图形更圆滑，从而优化显示和对象选择的性能。

操作方式：

- 菜单命令：【视图】/【重生成】
- 命令行：regen

执行【重画】命令可以刷新视图，删除进行某些编辑操作时留在显示区域中的加号形状的标记。

操作方式：

- 菜单命令：【视图】/【重画】
- 命令行：redraw

> **说明：**
>
> ● 【重生成】与【重画】命令在本质上是不同的，利用【重生成】命令可重新生成屏幕，此时系统从磁盘中调用当前图形的数据，比【重画】命令执行的速度慢，更新屏幕花费的时间较长。
>
> ● 如果一直使用某个命令修改/编辑图形，但该图形似乎看不出发生了什么变化，此时可使用【重生成】命令更新屏幕显示。
>
> ● 如果要在多重视口中同时进行重生成，可以执行【视图】/【全部重生成】菜单命令（regenall）。

**5．全屏显示模式**

对于十分熟悉 AutoCAD 的设计人员，屏幕中过多的菜单可能导致绘图效率下降，因此AutoCAD 提供了全屏显示模式，即专业模式。当用户使用全屏显示模式时，屏幕上仅会显示菜单栏、状态栏和命令窗口，如图 1-12 所示。

操作方式：

● 菜单命令：【视图】/【全屏显示】

● 快捷键：Ctrl+0

● 命令行：cleanscreenon（开）/ cleanscreenoff（关）

前两种方法可以在全屏显示模式和正常模式间直接进行切换。

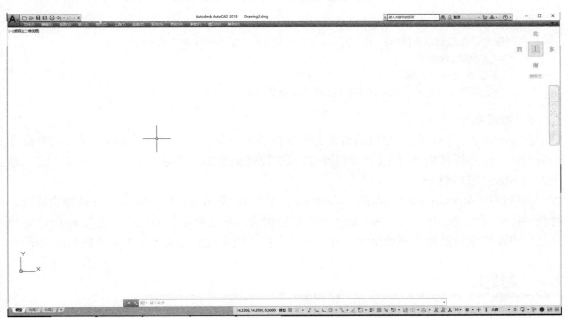

图 1-12　全屏显示模式

**6．文本窗口**

文本窗口与命令窗口相似，用户可以在其中输入命令，查看提示和信息。文本窗口显示当前工作任务完整的命令历史记录，当然也可以和命令窗口一样输入新命令，如图 1-13 所示。

操作方式：

● 菜单命令：【视图】/【显示】/【文本窗口】

● 命令行：textscr
● 快捷键：F2

```
命令: CLEANSCREENON
命令:
命令: 指定对角点或 [栏选(F)/圈围(WP)/圈交(CP)]: <动态 UCS 关>
命令:
命令: *取消*
命令: 指定对角点或 [栏选(F)/圈围(WP)/圈交(CP)]: *取消*
指定对角点或 [栏选(F)/圈围(WP)/圈交(CP)]:
命令: 指定对角点或 [栏选(F)/圈围(WP)/圈交(CP)]: *取消*
命令:
命令: _open
命令:

命令: _open
命令:
命令:
命令: _CleanScreenOFF
命令:
```

图 1-13　文本窗口

### 7．透明命令

在 AutoCAD 中有些命令不仅可以直接在命令行中使用，而且还可以在其他命令的执行过程中插入并执行，当该命令执行完毕后，系统继续执行原命令，这种命令称为透明命令。透明命令一般多为修改图形设置或打开辅助绘图工具的命令。

常见的视图缩放、视图平移、帮助、变量设置等同样适用于透明命令的执行。如：

命令：arc↙
指定圆弧的起点或[圆心（C）]：zoom↙（透明使用显示缩放命令 zoom）
>>（执行 zoom 命令）
（正在恢复执行 ARC 命令）
指定圆弧的起点或[圆心（C）]（继续执行原命令）。

### 8．按键命令

在 AutoCAD 中，除了可以通过在命令窗口输入命令、单击工具栏图标或单击菜单命令来完成外，还可以使用键盘上的一组功能键或快捷键快速实现指定功能，如按下 F1 键，系统调用 AutoCAD 对话框。

系统使用 AutoCAD 传统标准（Windows 之前）或 Microsoft Windows 标准解释快捷键。有些功能键或快捷键在 AutoCAD 的菜单中已经给出，如【粘贴】的快捷键为 Ctrl+V，这些只要用户在使用的过程中多加留意，就会熟练掌握。快捷键的定义见菜单命令后面的说明。

# 1.4　习题

（1）AutoCAD 2018 的"草图与注释"工作界面包括哪几部分，它们的主要功能是什么？

（2）在 AutoCAD 2018 中如何对图形文件进行保密？

（3）全屏显示模式和正常模式之间进行切换的方法有哪几种？

（4）快速切换文本窗口的快捷键是（　　）。

　　A．F1　　　　　　　B．F2　　　　　　　C．F6　　　　　　　D．F8

（5）AutoCAD 中的重画和重生成有哪些区别？

# 第2章　平面图形的绘制与编辑

任何复杂的图形都是由直线、圆等基本的图形经过图形编辑后形成的，掌握这些基本图形的绘制方法以及平面编辑命令是学习 AutoCAD 2018 的基础。只有熟练地掌握基本图形的绘制、编辑方法和技巧，才能更好地绘制出复杂的图形。

本章主要介绍平面图形的绘制与编辑命令。

📖 **重点知识**

- 了解点的显示类型和尺寸
- 掌握定数等分和定距等分的方法
- 掌握直线类的绘制方法
- 掌握圆弧类的绘制方法
- 掌握曲线类的绘制方法
- 掌握绘制剖面符号的方法
- 掌握选择编辑对象的方法
- 掌握平面编辑的基本方法

## 2.1　平面绘图命令

AutoCAD 2018 提供了【绘图】工具栏，利用该工具栏可以绘制各种二维的平面图形，如直线、构造线、矩形以及圆等。

### 2.1.1　点

点是 AutoCAD 中最基本的图形元素，但在实际绘图过程中，点对象用得并不太多，主要起一个参照作用，可以将点作为对象捕捉的参照点（节点）。在 AutoCAD 2018 中，可以通过单点、多点、定数分点和定距分点 4 种方法绘制点。

操作方式：

- 菜单命令：【绘图】/【点】
- 工具栏：单击【绘图】工具栏中的 ▫ 按钮
- 命令行：point (po)

**1．设置点的样式和大小**

通过执行【格式】/【点样式】菜单命令，打开【点样式】对话框，如图 2-1 所示，可以根据需要设置点的样式和大小,如图 2-2 所示。其中点的大小可以按照相对于屏幕的百分比及绝对绘图单位两种方式来设置。

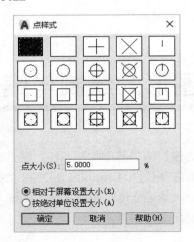

图 2-1 【点样式】对话框

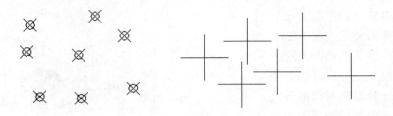

图 2-2 不同样式、不同大小的点

### 2. 绘制定数等分点和定距等分点

- 定数分点（Divide）是在图形对象上按指定数目等间隔地绘制点。
- 定距分点（Measure）是在图形对象上按指定间距绘制点。

【例 2-1】 如图 2-3 所示,将图中对象 AB 分成 7 等份。

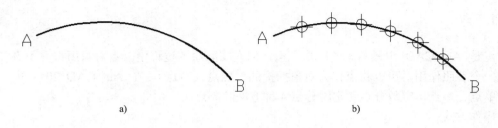

a)                                    b)

图 2-3 定数等分对象

执行【绘图】/【点】/【定数分点】菜单命令,即执行 divide 命令,AutoCAD 命令提示如下。

命令: _divide(div)↙

选择要定数等分的对象:（选择图 2-3 中的曲线）

选择对象:↙

输入线段数目或 [块(B)]: 7↙（插入等分的数目）

选项说明:

块(B): 按照指定的长度，在选定的对象上插入图块，并且利用【定数分点】命令每次只能在一个对象上绘制等分点。

> 说明:
> ● 输入的是等分数，而不是放置点的个数，所以如果将选择的对象分成 N 份的话，图形上实际只生成 N-1 个点。
> ● 每次只能对一个对象操作，而不能对一组对象操作。

【例 2-2】 如图 2-4 所示，将图中对象 AB 按长度 30mm 进行等分。

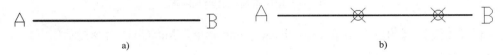

a)                                          b)

图 2-4　定数等分对象

执行【绘图】/【点】/【定距分点】菜单命令，即执行 measure 命令，AutoCAD 命令提示如下。

命令: _measure(mea)↙

选择要定距等分的对象:（选择图 2- 4 中的直线）

指定线段长度或 [块(B)]: 30↙（插入指定的距离）

> 说明:
> ● 进行等分的对象可以是直线、圆、多段线和样条曲线等，但不能是块、尺寸标注、文本及剖面线等对象。
> ● 等分的时候放置点的起始位置从离对象选取点较近的端点开始。
> ● 定数等分的最大数目是 32767。
> ● 定距等分的时候，如果对象总长不能被指定的间距整除，则最后一段小于指定的间距。

## 2.1.2　直线类

### 1. 直线

直线是工程制图中使用最为广泛的命令之一。绘制直线必须知道直线的位置和长度，也就是说，只要指定了起点和终点即可绘制一条直线。在 AutoCAD 中的直线命令可以绘制一条线段，也可以绘制连续折线。

操作方式:

● 菜单命令:【绘图】/【直线】

● 工具栏: 单击【绘图】工具栏中的 ╱ 按钮

● 命令行：line (l)

【例2-3】 绘制如图2-5所示的图形。

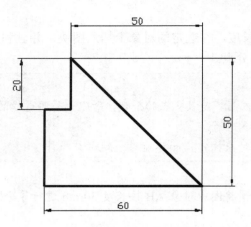

图2-5 使用直线工具绘制图形

执行【绘图】/【直线】菜单命令，即执行 line 命令，AutoCAD 命令提示如下。

命令: _line✓
指定第一点: 0, 0✓ （指定直线的起点）
指定下一点或 [放弃(U)]: @0,-20✓ （指定直线下一端点）
指定下一点或 [放弃(U)]: @-10,0✓ （指定直线下一端点）
指定下一点或 [闭合(C)/放弃(U)]: @0,-30✓ （指定直线下一端点）
指定下一点或 [闭合(C)/放弃(U)]: @60,0✓ （指定直线下一端点）
指定下一点或 [闭合(C)/放弃(U)]: C✓ （闭合直线）

【例2-4】 利用辅助工具绘制如图2-6所示的图形。

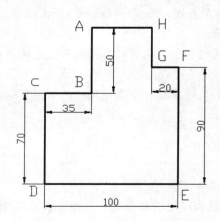

图2-6 使用辅助工具绘制图形

执行【绘图】/【直线】菜单命令，即执行 line 命令，AutoCAD 命令提示如下。

命令: _line ✓

指定第一点：　<正交 开>（单击状态栏中的【正交】按钮，指定直线的起点）
指定下一点或 [放弃(U)]: 50↙（将光标移到 A 点的下方，输入线段 AB 的长度）
指定下一点或 [放弃(U)]: 35↙（将光标移到 B 点的左方，输入线段 BC 的长度）
指定下一点或 [闭合(C)/放弃(U)]: 70↙（将光标移到 C 点的下方，输入线段 CD 的长度）
指定下一点或 [闭合(C)/放弃(U)]: 100↙（将光标移到 D 点的右方，输入线段 DE 的长度）
指定下一点或 [闭合(C)/放弃(U)]: 90↙（将光标移到 E 点的上方，输入线段 EF 的长度）
指定下一点或 [闭合(C)/放弃(U)]: 20↙（将光标移到 F 点的左方，输入线段 FG 的长度）
指定下一点或 [闭合(C)/放弃(U)]: 30↙（将光标移到 G 点的上方，输入线段 GH 的长度）
指定下一点或 [闭合(C)/放弃(U)]: c↙（选择【闭合】选项）

#### 2．射线

射线是一端固定，另一端无限延伸的直线，它有起点但没有终点，在 AutoCAD 中，射线主要用于绘制辅助线。

操作方式：
- 菜单命令：【绘图】/【射线】
- 命令行：ray

#### 3．构造线

构造线是向两端无限延长的直线，在工程制图中常用于绘制辅助线。例如，用构造线寻找三角形的中心或者创建对象捕捉用的临时交点等。

操作方式：
- 菜单命令：【绘图】/【构造线】
- 工具栏：单击【绘图】工具栏中的 按钮
- 命令行：xline (xl)

【例2-5】　两点法绘制通过点 A（30，50）、点 B（60，90）两点的构造线，如图 2-7 所示。

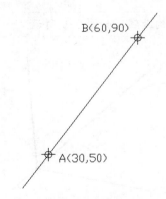

图 2-7　两点法绘制通过 AB 的构造线

执行【绘图】/【构造线】菜单命令，即执行 xline 命令，AutoCAD 命令提示如下。

命令: _xline ↙
指定点或 [水平(H)/垂直(V)/角度(A)/二等分(B)/偏移(O)]: 30，50（指定 A 点）
指定通过点: 60，90（指定 B 点）

选项说明：

- 水平(H)/垂直(V)：创建经过指定点并且平行于 X 轴（平行于 Y 轴）的构造线。
- 角度(A)：创建与参照线或者与水平轴成一定角度的构造线。
- 二等分(B)：创建已知角的平分线。
- 偏移(O)：创建平行于指定直线的构造线。

【例2-6】 通过【角度】选项绘制与直线 AB 成 80° 的构造线，如图 2-8 所示。

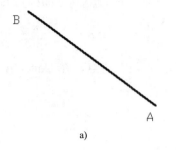 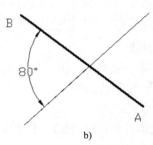

a) b)

图 2-8 绘制与已知直线成一定夹角的构造线

a) 原图 b) 绘制构造线后

命令: _xline ✓
指定点或 [水平(H)/垂直(V)/角度(A)/二等分(B)/偏移(O)]: a✓ （选择【角度】选项）
输入构造线的角度 (0) 或 [参照(R)]: r✓ （选择【参照】选项）
选择直线对象: （选择直线 AB）
输入构造线的角度 <0>: 80✓ （指定所绘制的构造线与直线 AB 所成的角度）
指定通过点: A （选择直线上一点 A 点）
指定通过点: B ✓ （选择直线上一点 B 点）

【例2-7】 绘制∠BAC 的角平分构造线，如图 2-9 所示。

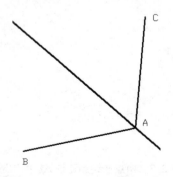

图 2-9 绘制∠BAC 的角平分构造线

命令: _xline ✓
指定点或 [水平(H)/垂直(V)/角度(A)/二等分(B)/偏移(O)]: b✓ （选择【二等分】选项）
指定角的顶点:A✓ （指定∠BAC 的顶点 A）
指定角的起点:B✓ （指定∠BAC 的顶点 B）
指定角的端点:C✓ （指定∠BAC 的顶点 C）

【例2-8】 通过【偏移】选项绘制与直线 AB 相距 200mm 的构造线，如图 2-10 所示。

图 2-10 绘制与直线 AB 相距 200mm 的构造线

a) 原图 b) 绘制后

命令：_xline ↙
指定点或 [水平(H)/垂直(V)/角度(A)/二等分(B)/偏移(O)]： （选择【偏移】选项）
指定偏移距离或 [通过(T)] <0>：200↙ （指定偏移的距离）
选择直线对象： （指定偏移的对象 AB）
指定向哪一侧偏移： （选择直线 AB 的上面）

### 4．多段线

多段线作为单个对象创建的相互连接的连续线条，它是由多段直线段和弧线段组成的。在绘制的过程中，用户可以调整多段线的宽度和半径。多段线的样式如图 2-11 所示。

图 2-11 多段线的样式

操作方式：
- 菜单命令：【绘图】/【多段线】
- 工具栏：单击【绘图】工具栏中的 ᵔ⌡按钮
- 命令行：pline (pl)

【例2-9】 绘制如图 2-12 所示的多段线。

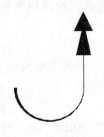

图 2-12 多段线示例

执行【绘图】/【多段线】菜单命令，即执行 pline 命令，AutoCAD 命令提示如下。

命令：_pline ↙
指定起点： （指定多段线的起点位置）

当前线宽为 0.0000

指定下一个点或 [圆弧(A)/半宽(H)/长度(L)/放弃(U)/宽度(W)]: w ✓ 　　　（选择【宽度】选项）

指定起点宽度 <120.0000>: 0 ✓ （设置起点的宽度）

指定端点宽度 <0.0000>: 150 ✓ （设置端点的宽度）

指定下一个点或 [圆弧(A)/半宽(H)/长度(L)/放弃(U)/宽度(W)]:@0, 180 ✓ （指定多段线第二点的位置）

指定下一点或 [圆弧(A)/闭合(C)/半宽(H)/长度(L)/放弃(U)/宽度(W)]: w ✓

指定起点宽度 <150.0000>: 30 ✓

指定端点宽度 <30.0000>: 120 ✓

指定下一点或 [圆弧(A)/闭合(C)/半宽(H)/长度(L)/放弃(U)/宽度(W)]:@0,230 ✓

（指定多段线第三点的位置）

指定下一点或 [圆弧(A)/闭合(C)/半宽(H)/长度(L)/放弃(U)/宽度(W)]: w ✓

指定起点宽度 <120.0000>: 0 ✓

指定端点宽度 <0.0000>: 0 ✓

指定下一点或 [圆弧(A)/闭合(C)/半宽(H)/长度(L)/放弃(U)/宽度(W)]:@0,300 ✓

（指定多段线第三点的位置）

指定下一点或 [圆弧(A)/闭合(C)/半宽(H)/长度(L)/放弃(U)/宽度(W)]: a ✓

（从直线方式切换到圆弧方式）

指定圆弧的端点或

[角度(A)/圆心(CE)/闭合(CL)/方向(D)/半宽(H)/直线(L)/半径(R)/第二个点(S)/放弃(U)/宽度(W)]: w ✓

指定起点宽度 <0.0000>: 0 ✓

指定端点宽度 <0.0000>: 20 ✓

指定圆弧的端点或

[角度(A)/圆心(CE)/闭合(CL)/方向(D)/半宽(H)/直线(L)/半径(R)/第二个点(S)/放弃(V)/宽度(W)]:@-800,0 ✓

指定圆弧的端点或

[角度(A)/圆心(CE)/闭合(CL)/方向(D)/半宽(H)/直线(L)/半径(R)/第二个点(S)/放弃(V)/宽度 (W)]: ✓

选项说明：

- 圆弧(A)：用于绘制圆弧并将其添加到多段线中。
- 半宽(H)：该选项可以设置多段线的半宽度，这时候的多段线的宽度等于输入值的两倍。
- 长度(L)：用于指定绘制直线的长度。
- 放弃(U)：该选项用于删除最近一次添加到多段线上的直线段或者圆弧线段。
- 宽度(W)：该选项用于设置多段线的宽度，而且可以分别设置起点与终点的宽度。
- 角度(A)：用于指定弧线段从起点开始的包含角。

## 2.1.3　圆弧类

在 AutoCAD 2018 中，圆、圆弧、椭圆和椭圆弧都属于曲线对象，其绘制方法相对于其他对象要复杂一些，但绘制方法也比较多。

### 1. 圆

圆是工程绘图中最常见的元素，在 AutoCAD 2018 中有 6 种绘制圆的方法，如图 2-13 所示。

操作方式：

- 菜单命令：【绘图】/【圆】
- 工具栏：单击【绘图】工具栏中的⊙按钮
- 命令行：circle(c)

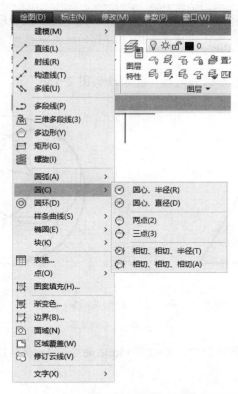

图 2-13　绘制圆的子菜单

选项说明：

● 【绘图】/【圆】/【圆心、半径】：通过指定圆心和半径来绘制圆。

● 【绘图】/【圆】/【圆心、直径】：通过指定圆心和直径来绘制圆。

● 【绘图】/【圆】/【两点】：通过指定两点并以这两个点之间的距离作为直径来绘制圆，如图 2-14a 所示。

● 【绘图】/【圆】/【三点】：通过指定经过圆的 3 个点来绘制圆，如图 2-14b 所示。

● 【绘图】/【圆】/【相切、相切、半径】：以指定的值为半径，绘制一个与两个对象相切的圆，在绘制时，首先要绘制与圆相切的两个对象，然后再指定圆的半径，如图 2-14c 所示。

● 【绘图】/【圆】/【相切、相切、相切】：通过依次指定与圆相切的 3 个对象来绘制圆，如图 2-14d 所示。

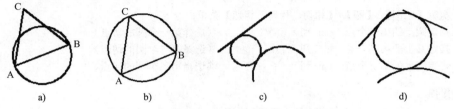

| a) | b) | c) | d) |

图 2-14　绘制圆示例

a) 两点法　b) 三点法　c) 相切、相切、半径　d) 相切、相切、相切说明：使用【相切、相切、半径】命令时，系统总是在距拾取点最近的部分绘制相切的圆。因此在拾取对象时，拾取的位置不同，得到的结果也有可能不同。

【例2-10】 已知图2-15a所示的三角形，要求绘制图2-15b。

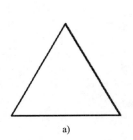 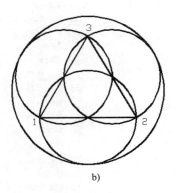

a)                                                                    b)

图2-15 绘制圆对象

a) 三角形  b) 绘制效果

执行【绘图】/【圆】菜单命令，即执行 circle 命令，AutoCAD 命令提示如下。

命令:_circle ✓
指定圆的圆心或 [三点(3P)/两点(2P)/相切、相切、半径(T)]: 2P✓ （选择【两点】选项，绘制第一个圆）
指定圆直径的第一个端点:                    （选择点1）
指定圆直径的第二个端点:                    （选择点2）
命令:_circle ✓
指定圆的圆心或 [三点(3P)/两点(2P)/相切、相切、半径(T)]: 2P✓ （选择【两点】选项，绘制第二个圆）
指定圆直径的第一个端点:                    （选择点2）
指定圆直径的第二个端点:                    （选择点3）

命令:_circle ✓
指定圆的圆心或 [三点(3P)/两点(2P)/相切、相切、半径(T)]: 2P✓ （选择【两点】选项，绘制第三个圆）
指定圆直径的第一个端点:                    （选择点1）
指定圆直径的第二个端点:                    （选择点3）

执行【绘图】/【圆】/【相切、相切、相切】菜单命令
指定圆上的第一个点:_tan 到                （选择第一个圆的切点）
指定圆上的第二个点:_tan 到                （选择第二个圆的切点）
指定圆上的第三个点:_tan 到                （选择第三个圆的切点）

## 2. 圆弧

在 AutoCAD 2018 中有 11 种绘制圆弧的方法，如图2-16所示。
操作方式：
● 菜单命令：【绘图】/【圆弧】

● 工具栏：单击【绘图】工具栏中的 按钮
● 命令行：arc(a)

选项说明：

● 【绘图】/【圆弧】/【三点】：给定 3 个点来绘制一段圆弧，这 3 个点依次是圆弧的起点、圆弧上任意一点、端点。
● 【绘图】/【圆弧】/【起点、圆心、端点】：通过指定圆弧的起点、圆心、端点来创建圆弧。

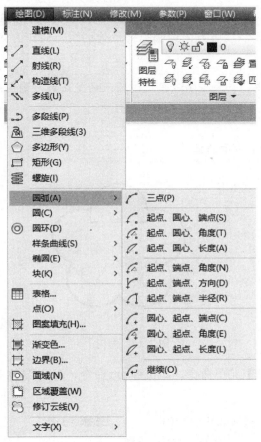

图 2-16　绘制圆弧子菜单

● 【绘图】/【圆弧】/【起点、圆心、角度】：通过指定圆弧的起点、圆心和圆弧所对应的圆心角来绘制圆弧。
● 【绘图】/【圆弧】/【起点、圆心、长度】：通过指定圆弧的起点、圆心和圆弧的长度来绘制圆弧。
● 【绘图】/【圆弧】/【起点、端点、角度】：通过指定圆弧的起点、终点和圆弧所对应的圆心角来绘制圆弧。
● 【绘图】/【圆弧】/【起点、端点、方向】：通过指定圆弧的起点、终点和圆弧起点外的切线方向来绘制圆弧。
● 【绘图】/【圆弧】/【起点、端点、半径】：通过指定圆弧的起点、终点和圆弧的半径来绘制圆弧，当半径为正数时绘制劣弧，当半径为负数时绘制优弧。

- 【绘图】/【圆弧】/【圆心、起点、端点】：与【起点、圆心、端点】选项相类似，只是先指定圆心，然后依次指定起点和终点来创建圆弧。
- 【绘图】/【圆弧】/【圆心、起点、角度】：与【起点、圆心、角度】选项相类似，只是先指定圆心，然后依次指定起点和圆心角来创建圆弧。
- 【绘图】/【圆弧】/【圆心、起点、长度】：与【起点、圆心、长度】选项相类似，只是先指定圆心，然后依次指定起点和圆弧的长度来创建圆弧。
- 【绘图】/【圆弧】/【继续】：该命令以上一次绘制的线段或圆弧的终点作为新圆弧的起点，以最后所绘制线段方向或圆弧终点处切线方向作为新圆弧的起始点处的切线方向来创建圆弧。

> 说明：在以上方法中，如果在输入角度时输入的是正数，则圆弧沿逆时针方向绘制，当输入的角度是负数时，圆弧沿顺时针方向绘制。

【例2-11】 绘制如图 2-17 所示的梅花。

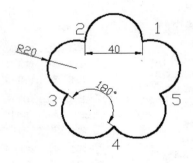

图 2-17　梅花

执行【绘图】/【圆弧】菜单命令，即执行 arc 命令，AutoCAD 命令提示如下。

```
命令:_ arc ↙
指定圆弧的起点或 [圆心(C)]: 140,100↙          (选择点 1)
指定圆弧的第二个点或 [圆心(C)/端点(E)]: e↙
指定圆弧的端点: @-40,0↙
指定圆弧的圆心或 [角度(A)/方向(D)/半径(R)]: r↙
指定圆弧的半径: 20↙

命令:_ arc ↙
指定圆弧的起点或 [圆心(C)]:                    (选择点 2)
指定圆弧的第二个点或 [圆心(C)/端点(E)]: e↙
指定圆弧的端点: @40<252↙
指定圆弧的圆心或 [角度(A)/方向(D)/半径(R)]: a↙
指定包含角: 180↙

命令:_ arc ↙
指定圆弧的起点或 [圆心(C)]:                    (选择点 3)
```

指定圆弧的第二个点或 [圆心(C)/端点(E)]: c↙

指定圆弧的圆心: @20<324↙

指定圆弧的端点或 [角度(A)/弦长(L)]: a↙

指定包含角: 180↙

命令:_ arc ↙

指定圆弧的起点或 [圆心(C)]:　　　　　　　(选择点 4)

指定圆弧的第二个点或 [圆心(C)/端点(E)]: c↙

指定圆弧的圆心: @20<36↙

指定圆弧的端点或 [角度(A)/弦长(L)]: l↙

指定弦长: 40↙

命令:_ arc ↙

指定圆弧的起点或 [圆心(C)]:　　　　　　　(选择点 5)

指定圆弧的第二个点或 [圆心(C)/端点(E)]: e↙

指定圆弧的端点:　　　　　　(选择点 1)

指定圆弧的圆心或 [角度(A)/方向(D)/半径(R)]: a↙

指定包含角: 180↙

### 3．椭圆

椭圆是一种特殊的圆，它与圆的区别就在于其圆周上的点到中心的距离是变化的。椭圆由两条轴决定，其中较长的轴称为长轴，较短的轴称为短轴，在 AutoCAD 2018 中有两种绘制椭圆的方法。

操作方式：

● 菜单命令：【绘图】/【椭圆】

● 工具栏：单击【绘图】工具栏中的 ⬤ 按钮

● 命令行：ellipse(el)

【例 2-12】　绘制如图 2-18 所示的套圈（大椭圆的长轴为 200，短轴为 120；小椭圆的长轴为 190，短轴为 110）。

🔙 操作步骤

步骤 1　创建椭圆。执行【绘图】/【椭圆】菜单命令，即执行 ellipse 命令，AutoCAD 命令提示如下。

命令:_ellipse ↙

指定椭圆的轴端点或 [圆弧(A)/中心点(C)]:　　(在屏幕中指定一点)

指定轴的另一个端点: @200,0↙

指定另一条半轴长度或 [旋转(R)]: 60↙

命令:_ellipse ↙

指定椭圆的轴端点或 [圆弧(A)/中心点(C)]: c↙

指定椭圆的中心点:　　　(指定外侧的椭圆的圆心)

指定轴的端点: @95,0↙

指定另一条半轴长度或 [旋转(R)]: 55↙

经过以上操作可以得到图 2-19。

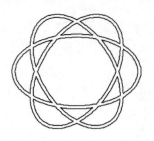

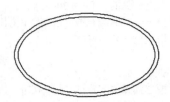

图 2-18　套圈　　　　　　　　　　　　　　　　图 2-19　绘制圆

步骤 2　阵列处理。执行【修改】/【阵列】菜单命令，即执行 array 命令，AutoCAD 命令提示如下。

命令:_array ∠
指定阵列中心点:　　（选择椭圆的圆心）
选择对象: 指定对角点: 找到 2 个　　（选择两个椭圆）

如图 2-20 所示，在【阵列】/【矩形阵列】【路径阵列】【环形阵列】中，选择【环形阵列】，单击鼠标左键选择阵列对象，指定项目的中心点，"项目总数"为 3，"填充角度"为 360。结果如图 2-21 所示。

步骤 3　修剪处理。通过【修剪】命令绘制出如图 2-18 所示的图形。

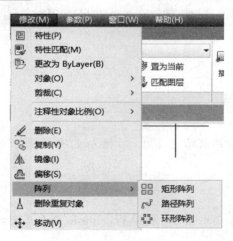

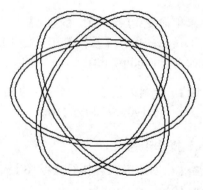

图 2-20　【修改】/【阵列】　　　　　　　　　　图 2-21　套圈的绘制

### 4．椭圆弧

椭圆弧的绘制方法与椭圆相似，首先要确定其长轴和短轴，然后再确定圆弧的起始角和终止角。

操作方式：

- 菜单命令：【绘图】/【椭圆】/【圆弧】
- 工具栏：单击【绘图】工具栏中的 按钮

【例 2-13】　绘制如图 2-22 所示的包角 150° 的椭圆弧。

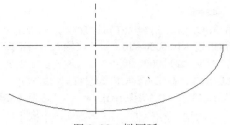

图 2-22 椭圆弧

执行【绘图】/【椭圆】菜单命令，即执行 ellipse 命令，AutoCAD 命令提示如下。

命令: _ellipse ✓
指定椭圆的轴端点或 [圆弧(A)/中心点(C)]:a✓ （选择【圆弧】选项）
指定椭圆弧的轴端点或 [中心点(C)]: （指定椭圆弧所在椭圆的一个轴的一个端点）
指定轴的另一个端点: （指定椭圆弧所在椭圆的一个轴的另一个端点）
指定另一条半轴长度或 [旋转(R)]: （指定椭圆弧所在椭圆的另一个轴的一个端点）
指定起始角度或 [参数(P)]: 30 ✓ （指定起始角度值）
指定终止角度或 [参数(P)/包含角度(I)]: 180 ✓ （指定终止角度值）

### 2.1.4 多边形

**1. 矩形**

工程中用到了大量的矩形，在 AutoCAD 2018 中可以直接绘制矩形，并且绘制出的矩形是一个整体，不可以单独对其中一条边进行操作。

操作方式：

- 菜单命令：【绘图】/【矩形】
- 工具栏：单击【绘图】工具栏中的  按钮
- 命令行：_rectang (rec)

【例2-14】 绘制如图 2-23 所示的带有圆角的矩形。

执行【绘图】/【矩形】菜单命令，即执行 rectang 命令，AutoCAD 命令提示如下。

命令: _rectang ✓
指定第一个角点或 [倒角(C)/标高(E)/圆角(F)/厚度(T)/宽度(W)]: f✓ （选择【圆角】选项）
指定矩形的圆角半径 <0.0000>: 30✓ （输入圆角的半径值）
指定第一个角点或 [倒角(C)/标高(E)/圆角(F)/厚度(T)/宽度(W)]: （单击，确定 A 的位置）
指定另一个角点或 [面积(A)/尺寸(D)/旋转(R)]: @300,200✓ （单击，确定 B 的位置）

【例2-15】 绘制如图 2-24 所示的与水平成一定角度的矩形。

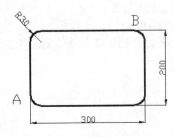

图 2-23 带有圆角的矩形

图 2-24 与水平成一定角度的矩形

命令: _rectang　✓
指定第一个角点或 [倒角(C)/标高(E)/圆角(F)/厚度(T)/宽度(W)]: c✓　（选择【倒角】选项）
指定矩形的第一个倒角距离 <10.0000>:10✓　（输入倒角距离）
指定矩形的第二个倒角距离 <20.0000>:20✓　（输入倒角距离）
指定第一个角点或 [倒角(C)/标高(E)/圆角(F)/厚度(T)/宽度(W)]:　（单击，确定 A 的位置）
指定另一个角点或 [面积(A)/尺寸(D)/旋转(R)]: r✓　（选择【旋转】选项）
指定旋转角度或 [拾取点(P)] <60>: 60✓　（输入旋转的角度）
指定矩形的长度 <10.0000>: @150,100✓

选项说明：

- 倒角(C)：用于绘制带有倒角的矩形。
- 标高(E)：用于确定矩形所在的平面高度，默认的情况下标高为 0，也就是指矩形位于 XY 平面内。
- 圆角(F)：用于绘制带有圆角的矩形。
- 厚度(T)：在绘制三维图形的时候，用于设置矩形的厚度。
- 宽度(W)：用于设置矩形的边线宽度。

## 2．正多边形

在 AutoCAD 2018 中，正多边形具有等长的边，其边数为 3～1024 条。
操作方式：

- 菜单命令：【绘图】/【正多边形】
- 工具栏：单击【绘图】工具栏中的⬡按钮
- 命令行：polygon(pol)

【例 2-16】　绘制如图 2-25 所示的外切于半径为 30 的圆的正六边形（不用标注）。

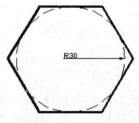

图 2-25　绘制正六边形

执行【绘图】/【正多边形】菜单命令，即执行 polygon 命令，AutoCAD 命令提示如下。

命令: _polygon　✓
输入边的数目 <4>: 6　✓　（指定正多边形的边数）
指定正多边形的中心点或 [边(E)]:　（指定正多边形的中心）
输入选项 [内接于圆(I)/外切于圆(C)] <I>: c　✓（选择【外切于圆】选项绘制正多边形）
指定圆的半径: 30 ✓

## 2.1.5　曲线

### 1．样条曲线

样条曲线是经过或接近一系列给定点的光滑曲线，其形状是由数据点、拟合点和控制点控制的。在工程制图中，常用样条曲线来绘制折断线。

操作方式：

- 菜单命令：【绘图】/【样条曲线】
- 工具栏：单击【绘图】工具栏中的～按钮
- 命令行：spline(spl)

---

**【例 2-17】** 绘制一条经过点 A（70，115）、B（110，190）、C（130，−30）、D（190，−17），起点切向 0°，端点切向 80° 的样条曲线，如图 2-26 所示。

---

执行【绘图】/【样条曲线】菜单命令，即执行 spline 命令，AutoCAD 命令提示如下。

```
命令: _spline ✓
指定第一个点或 [对象(O)]: 70,115 ✓        （输入 A 点的坐标）
指定下一点: 110,190 ✓     （输入 B 点的坐标）
指定下一点或 [闭合(C)/拟合公差(F)] <起点切向>: 130,-30 ✓    （输入 C 点的坐标）
指定下一点或 [闭合(C)/拟合公差(F)] <起点切向>: 190,-170 ✓    （输入 D 点的坐标）
指定下一点或 [闭合(C)/拟合公差(F)] <起点切向>: ✓
指定起点切向: 0 ✓
指定端点切向: 80 ✓
```

图 2-26 绘制样条曲线

选项说明：

- 闭合(C)：用于绘制封闭的样条曲线。
- 拟合公差(F)：用于指定拟合公差，拟合公差越大，曲线距离指定点越远，拟合公差为"0"时，曲线经过设定点。

**2．徒手线**

在 AutoCAD 2018 中，可以使用专门的工具绘制不规则的曲线，在命令行中输入 sketch 命令即可绘制徒手线。

操作方式：

命令行：sketch

---

**说明：** 在 AutoCAD 2018 中绘制徒手线只能从命令行中输入，而没有对应的菜单和工具按钮。

---

在命令行中输入 sketch 命令后提示信息如下。

```
命令: _sketch ✓
记录增量 <1>:
徒手画. 画笔(P)/退出(X)/结束(Q)/记录(R)/删除(E)/连接(C)
```

选项说明：

- 画笔(P)：该选项用来进行绘制徒手线，包括【提笔】和【落笔】两个选项，【提笔】选项用来绘制徒手线，【落笔】选项用来停止绘制徒手线。
- 退出(X)：该选项用于记录及报告临时【徒手画】线数，并结束命令。
- 结束(Q)：该选项用于放弃从开始调用【徒手线】命令或上一次使用【纪录】选项时

所有临时的徒手线画线段，并结束命令。

- 记录(R)：永久保存临时线，且不改变画笔的位置。
- 删除(E)：该选项用于删除临时线段的所有部分，如果画笔已落下则提起画笔。
- 连接(C)：该选项用于开始落笔，继续从上次所画线段的端点或上次删除线段的端点开始画线。

## 2.1.6　绘制剖面符号

### 1．剖面符号的画法要求

（1）在同一金属零件的零件图中，剖视图、剖面图的剖面线应画成间隔相等、方向相同而且与水平平行的平行线。

（2）相邻辅助零件或部件一般不画剖面符号图。

（3）当被剖部分的图形面积较大时，可以只沿轮廓的周边画出剖面符号。

（4）如仅需画出剖视图中的一部分图形且其边界又不画波浪线时，则应将剖面线绘制整齐。

（5）在零件图中也可以用涂色方法代替剖面符号。

（6）木材、玻璃、液体、迭钢片、砂轮及硬质合金刀片等剖面符号也可在外形视图中画出一部分或全部作为材料的标志。

（7）在装配图中，相互邻接的金属零件的剖面线的倾斜方向应相反或方向一致而间隔不等，同一装配图中的同一零件的剖面线应方向相同、间隔相等，除金属零件外，当各邻接零件的剖面符号相同时应采用疏密不一的方法以示区别。

（8）当绘制接合件的图样时，各零件的剖面符号应按表 2-1 的规定绘制，当绘制接合件与其他零件的装配图时，若接合件中各零件的剖面符号相同则可作为一个整体画出，若不相同则应分别画出。

### 表 2-1　剖面符号(GB/T17453—1998)

| 名称 | 符号 | 名称 | 符号 |
| --- | --- | --- | --- |
| 金 属 材 料<br>（已有规定剖面符号的除外） |  | 转子、变压器、电抗器等的迭钢片 |  |
| 线圈绕组元件 |  | 非金属材料<br>（已有规定的剖面符号者除外） |  |
| 型砂、填砂、粉末冶金、砂轮、陶瓷刀片、硬质合金刀片等 |  | 混凝土 |  |
| 水质胶合板 |  | 钢筋混凝土 |  |
| 基础周围的泥土 |  | 砖 |  |
| 玻璃及供观察用的其他透明材料 |  | 网格（筛网、过滤网等） |  |
| 木材　纵剖面 |  | 液体 |  |
| 木材　横剖面 |  |  |  |

注：1. 剖面符号仅表示材料的类别，材料的名称和代号另行注明。
　　2. 迭钢片的剖面线方向应与束装中迭钢片的方向一致。
　　3. 液面用细实线绘制。
　　4. 木材、玻璃、液体、迭钢片、砂轮及硬质合金刀片等剖面符号，也可以在外形视图中画出部分或全部材料标志。

（9）由不同材料嵌入或粘贴在一起的成品要用其中主要材料的剖面符号表示，例如夹丝玻璃的剖面符号用玻璃的剖面符号表示，复合钢板的剖面符号用钢板的剖面符号表示。

（10）在装配图中，宽度小于或等于 2mm 的狭小面积的剖面可用涂黑的方法代替剖面符号图。如果是玻璃或其他材料而不宜涂黑时可不画剖面符号，当两邻接剖面均涂黑时两剖面之间应留出不小于 0.7mm 的空隙。

**2．剖面符号的绘制**

设计人员在进行填充的时候，可以使用预定义填充图案，使用当前线型定义简单的线图案，也可以创建更复杂的填充图案。有一种图案类型叫作实体，它是使用实体颜色填充区域，也可以创建渐变填充。渐变填充是在一种颜色的不同灰度之间或两种颜色之间使用过渡。渐变填充提供光源反射到对象的外观，可用于增强演示图形。

操作方式：
- 菜单命令：【绘图】/【图案填充】
- 工具栏：单击【绘图】工具栏中的 按钮
- 命令行：hatch(h)

**【例2-18】** 完成如图 2-27 所示的轴承剖面的绘制。

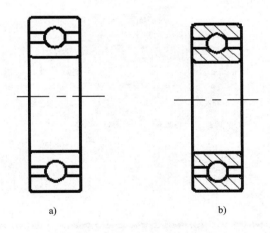

a)                          b)

图 2-27　轴承剖面的绘制

**操作步骤**

**步骤 1** 执行【绘图】/【填充】菜单命令，或直接执行"hatch"命令，打开【图案填充创建】选项卡，如图 2-28 所示。

图 2-28　【图案填充创建】选项卡

**步骤 2** 单击右下角的 按钮（更多选项），可以进行更多的设置，如图 2-29 所示。

**步骤 3** 在【图案填充】对话框的【类型和图案】选项组中的【图案】下拉列表中

选择 ANSI31 选项，在【角度和比例】选项组中的【角度】下拉列表里将角度值设置为 0，【比例】下拉列表里比例值设置为 1，单击【边界】选项组中的"添加：拾取点" 按钮返回到绘图窗口，选择要添加图案的部分，然后单击鼠标右键弹出快捷菜单中的 确定 按钮返回【图案填充】对话框，最后单击 确定 按钮完成剖面的填充，如图 2-30 所示。

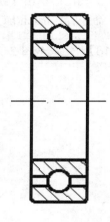

图 2-29 展开更多选项　　　　　　　　　　　图 2-30 完成剖面的填充

# 2.2 平面编辑命令

图形编辑是对图形进行选择、复制、移动、旋转、修剪等操作，在 AutoCAD 2018 中提供了丰富的图形编辑工具和命令，灵活适当地利用这些编辑工具和命令，可以修改已有图形或通过已有图形构造新的复杂图形，并能够显著地提高绘图的效率和质量。

## 2.2.1 选择编辑对象

在对图形进行编辑操作之前，首先需要选择编辑对象，AutoCAD 2018 为用户提供了多种不同的选择方式。AutoCAD 用虚线突出显示所选的对象，这些对象就构成了选择集。选择集可以包含单个对象，也可以包含复杂的对象编组。

### 1．设置对象的选择模式

在 AutoCAD 2018 中，执行【工具】/【选项】菜单命令，打开【选项】对话框，如图 2-31 所示，在【选择集】选项卡中可以设置选择集模式、拾取框大小和夹点尺寸等。

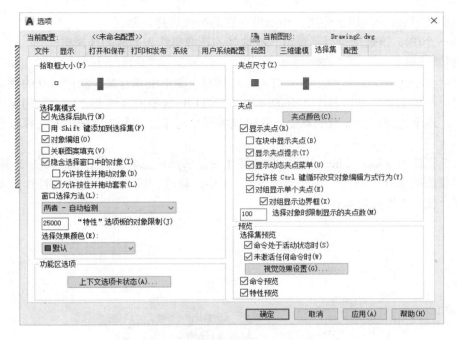

图2-31 【选项】对话框中的【选择集】选项卡

### 2. 选择对象的方法

在 AutoCAD 2018 中有许多选择对象的方法,例如,可以通过单击对象逐个拾取,也可以利用矩形窗口或交叉窗口选择;可以选择最近创建的对象、前面的选择集或图形中的所有对象,也可以向选择集中添加对象或从中删除对象。

当使用编辑命令时,在命令行出现"选择对象:"提示下输入"? ",将显示如下提示信息。

> 需要点或窗口(W)/上一个(L)/窗交(C)/框(BOX)/全部(ALL)/栏选(F)/圈围(WP)/圈交(CP)/编组(G)/添加(A)/删除(R)/多个(M)/前一个(P)/放弃(U)/自动(AU)/单个(SI)/子对象/对象

部分选项说明:

- 窗口(W):可以绘制一个矩形区域来选取对象。当指定了矩形窗口的两个对角点时,所有位于这个矩形窗口内的对象都将被选中,否则不被选中。
- 上一个(L):选取图形窗口内可见元素中最后创建的对象。不管使用多少次【上一个(L)】选项,都只有一个对象被选中。
- 窗交(C):该选项与【窗口】选项类似,但是落在选择区域内部或与之相交的所有对象都会被选中。
- 框(BOX):该选项是【窗口】和【窗交】选项组合成的一个单独选项。如果选择框的两角点是从左至右指定的,则执行【窗口】选项,否则执行【窗交】选项。
- 全部(ALL):选取图形中没有被锁定、关闭或者冻结的图层上的所有对象。
- 栏选(F):该选项可以通过绘制一条多点的栅栏来选取对象,其中,所有与栅栏相交的对象都将被选中。
- 圈围(WP):该选项与【窗交】选项类似,可通过绘制一个不规则的封闭多边形构成一个选择窗口。

● 编组(G)：该选项通过使用一个已经存在的组来选择对象。

● 前一个(P)：该选项可以将最近一次选择的选择集作为当前的选择集。

### 3．过滤选择

在使用 AutoCAD 的过程中，有时需要选择整个图形中具有某一相同特征的所有对象。例如，用户希望选择复杂图纸中所有的圆和 CENTER 线型的直线和"绿色"的标注，而用鼠标单击，逐个选择，会非常的麻烦，这时就需要使用【过滤】选项来过滤选择符合条件的对象。

在命令行提示下输入 filter 命令，将打开【对象选择过滤器】对话框，如图 2-32 所示。可以以对象的类型（如直线、圆及圆弧等）、图层、颜色、线型或线宽等特性作为条件，过滤选择符合设定条件的对象。

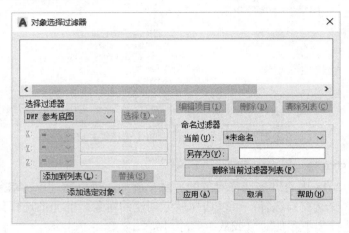

图 2-32 【对象选择过滤器】对话框

【对象选择过滤器】对话框上面的列表框中显示了当前设置的过滤条件。其他选项的功能如下。

【选择过滤器】选项区域用来设置选择过滤器，它包括以下选项：

（1）【选择】下拉列表框：选择过滤器类型，如直线、圆、圆弧、图层、颜色、线型及线宽等对象特性以及关系语句。

（2）【X、Y、Z】下拉列表框：可以设置与选择调节对应的关系运算符。关系运算符包括＝、!＝、＜、＜＝、＞、＞＝和×。例如，当建立【块位置】过滤器时，在对应的文本框中可以设置对象的位置坐标。

（3）【添加到列表】按钮：单击该按钮，可以将选择的过滤器及附加条件添加到过滤器列表中。

（4）【替换】按钮：单击该按钮，可用当前【选择过滤器】选项区域中的设置代替列表中选定的过滤器。

（5）【添加选定对象】按钮：单击该按钮，将切换到绘图窗口中，然后选择一个对象，则会把选中的对象特性添加到过滤器列表框中。

（6）过滤条件组合的名称保存在一个名为 filter.nfl 的文件中，文件的名称最多可以有 18 个字符，保存以后所有的后缀为.dwg 的图形文件都可以使用。

【例2-19】 选择图 2-33 中所有的半径为 6 的圆和直线。

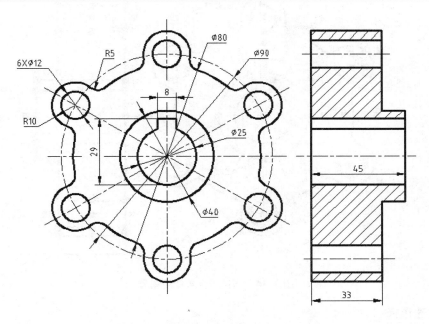

图 2-33 原始图形

操作步骤

步骤 1 在命令行中输入 filter 命令，打开【对象选择过滤器】对话框。

步骤 2 在【选择过滤器】选项的区域的下拉列表框中选择【** 开始 OR】选项，并单击 添加到列表(L) 按钮，将其添加到过滤器列表框中。

步骤 3 在【选择过滤器】选项区域的下拉列表框中选择【圆半径=6】选项，并单击 添加到列表(L) 按钮，将其添加到过滤器列表框中。

步骤 4 在【选择过滤器】选项区域的下拉列表框中选择【直线】选项，并单击 添加到列表(L) 按钮，将其添加到过滤器列表框中。

步骤 5 在过滤器列表框中单击【对象=直线】选项下面的空白区域，在"选择过滤器"选项区域的下拉列表框中选择【** 结束 OR】选项，并单击 添加到列表(L) 按钮，将其添加到过滤器列表框中。

步骤 6 在对象过滤器列表框中显示的内容如下：

** 开始 OR
圆半径=6
对象=圆
对象=直线
** 结束 OR

步骤 7 单击 应用(A) 按钮，在绘图窗口中选择所有图形并按 Enter 键，结果如图 2-34 所示。

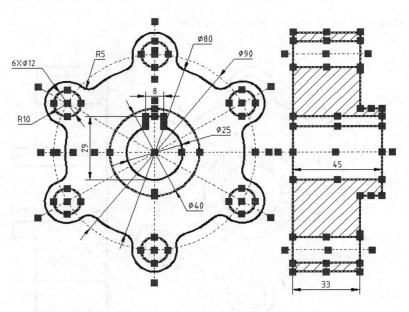

图 2-34　选择符合条件的图形

### 4．快速选择

在 AutoCAD 中，"快速选择"功能可以选择具有某些共同特性的对象，例如，可以选择某个线型的所有对象。

操作方式：

- 菜单命令：【工具】/【快速选择】
- 命令行：qselectfilter
- 快捷菜单：在绘图窗口中单击鼠标右键，从弹出的快捷菜单中选择【快速选择】命令，如图 2-35 所示。

执行【工具】/【快速选择】菜单命令，弹出【快速选择】对话框，如图 2-36 所示。

图 2-35　快捷菜单

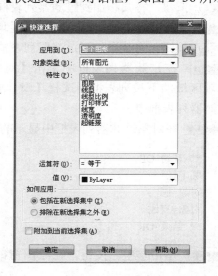

图 2-36　【快速选择】对话框

选项说明：

- 【应用到】下拉列表框：用于设置快速选择的操作范围。
- ▣ 选择对象按钮：用于选择要使用设置条件过滤的对象。
- 【对象类型】下拉列表框：用于设置选择对象的类型。
- 【特性】列表框：用于为过滤器指定对象特性。
- 【运算符】下拉列表框：用于控制过滤器的范围。AutoCAD 提供了 5 种运算操作，包括＝（等于）、＜＞（不等于）、＞（大于）、<=（小于等于）和全部选择。
- 【值】下拉列表框：用于为过滤器指定特性值。
- 【包括在新选择集中】单选按钮：用于选择符合条件的对象。
- 【排除在新选择集之外】单选按钮：用于选择不符合条件的对象。
- 【附加到当前选择集】复选框：用于将所选择的对象添加到当前选择集中。

> **说明：** 在绘图过程中，选择图形对象通常不能一次完成，而需要通过添加或者删除图形对象来完成，利用光标选择需要加入的图形对象，即可为选择集添加图形对象，但如果在按住 Shift 键的同时选择已经选中的图形对象，则可取消图形对象的选择状态。

### 5．使用编组

在 AutoCAD 2018 中，可以将图形对象进行编组用以创建一种选择集，使编辑对象更加灵活方便。

在命令行提示下输入 group 命令，或者直接单击工具栏【常用】/【组】，如图 2-37 所示。

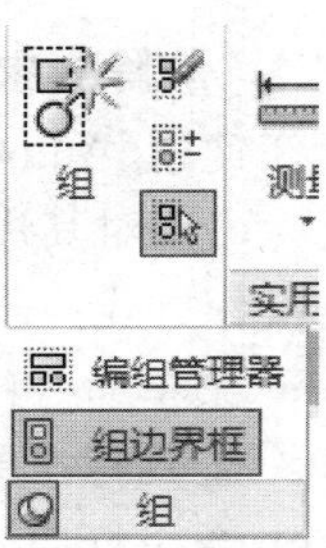

图 2-37　对象编组

---

【例 2-20】 将图 2-38 中所有的圆创建成一个编组 CIRCLE。

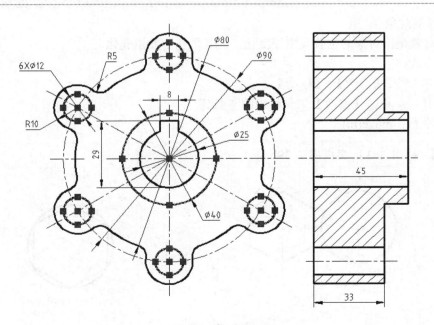

图 2-38　选择对象

**操作步骤**

步骤 1　在命令行中输入 group 命令，按 Enter 键，打开【对象编组】对话框。

步骤 2　在【编组标识】选项组中的【编组名】文本框中输入编组名 "circle"。

步骤 3　单击【组】选项组中的【新建】按钮，切换到绘图窗口，选择图 2-46 中的所有圆。

步骤 4　按 Enter 键结束对象选择，返回到【编组管理器】对话框，单击 确定 按钮，完成对象编组操作。

> 说明：建立了对象编组以后，只要选择组中的任意一个对象，即可自动选择编组中的所有对象，在 AutoCAD 中，一个对象可以是多个编组中的成员。

## 2.2.2　平面编辑命令

### 1. 删除对象

在使用 AutoCAD 绘制图形的过程中，如果发现绘制的图形中有一些多余的或者错误的图元，可以对其进行删除。

操作方式：

- 菜单命令：【修改】/【删除】
- 工具栏：单击【修改】工具栏中的 ✐ 按钮
- 命令行：erase(e)
- 快捷键直接选中对象，然后按 Delete 键

> 说明：使用 OOPS 命令，可以恢复最后一次使用【删除】命令删除的对象，如果要连续向前恢复被删除的对象，则需要使用取消命令 UNDO。

### 2. 移动对象

移动对象是指对象的位置发生了变化，但其形状不发生变化。

操作方式：

- 菜单命令：【修改】/【移动】
- 工具栏：单击【修改】工具栏中的 ✛ 按钮
- 命令行：move(m)

【例2-21】　将图 2-39a 变成图 2-39b。

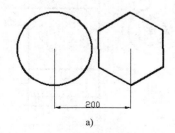
a)

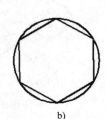
b)

图 2-39　移动

a) 移动前　b) 移动后

执行【修改】/【移动】菜单命令，即执行 move 命令，AutoCAD 命令提示如下。

命令: _move ↙
选择对象: （选择需要移动的对象）
选择对象: （按 Enter 键，完成选择）
指定基点或 [位移(D)] <位移>: （指定移动的基点）
指定第二个点或 <使用第一个点作为位移>: 200 ↙ （借助正交工具使光标沿 x 轴的正半轴方向移动指定的距离）

选项说明：

位移(D)：可以指定位移坐标作为图形移动量。

**3．复制对象**

复制是指将选定的一个或多个对象生成一个或多个副本，并将副本放置到指定的位置。

操作方式：

● 菜单命令：【修改】/【复制】

● 工具栏：单击【修改】工具栏中的 ⬚ 按钮

● 命令行：copy(co)

【例2-22】 利用【复制】命令将图 2-40a 变成图 2-40b。

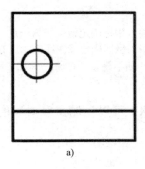
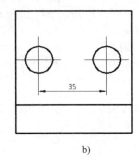

35

a)                    b)

图 2-40 复制

a) 复制前 b) 复制后

执行【修改】/【复制】菜单命令，即执行 copy 命令，AutoCAD 命令提示如下。

命令: _copy ↙
选择对象: 找到 3 个 （在绘图区选择需要复制的对象）
指定基点或 [位移(D)/模式(O)] <位移>: （拾取或输入坐标确认复制对象的基点）
指定第二个点或 <使用第一个点作为位移>: @35,0 ↙
指定第二个点或 [退出(E)/放弃(U)] <退出>: ↙

**4．镜像对象**

在使用 AutoCAD 2018 绘图时，当绘制的图形对象相对于某一对称轴对称时，就可以使用【镜像】命令来绘制图形。【镜像】命令是将选定的对称线对所选取图形对象进行对称或复制，复制完成后可以删除源对象，也可以不删除源对象。

操作方式：

● 菜单命令：【修改】/【镜像】

● 工具栏：单击【修改】工具栏中的 按钮
● 命令行：mirror(mi)

【例2-23】 已知如图2-41a所示的图形，使用【镜像】命令绘制如图2-41b所示的图形。

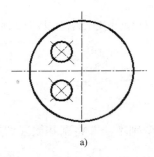     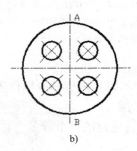

a)                              b)

图 2-41　镜像

a) 镜像前　b) 镜像后

执行【修改】/【镜像】菜单命令，即执行 mirror 命令，AutoCAD 命令提示如下。

命令：_mirror　↙
选择对象：　　　（在绘图区选择需要镜像的对象）
选择对象：↙　（按 Enter 键，完成对象的选择）
指定镜像线的第一点：A↙　（在绘图区拾取或者输入坐标确定镜像线第一点 A）
指定镜像线的第二点：B↙　（在绘图区拾取或者输入坐标确定镜像线第二点 B）
要删除源对象吗？[是(Y)/否(N)] <N>：↙　（输入 N 则不删除源对象，输入 Y 则删除源对象，默认情况下是 N）

在 AutoCAD 2018 中，使用系统变量 MIRRTEXT 可以控制文字对象的镜像方向，如图2-42所示。

```
    AutoCAD              AutoCAD
1 ───────── 2      1 ───────── 2
    AutoCAD              ∀ЭƆоⱵu∀
    a)                    b)
```

图 2-42　系统变量 MIRRTEXT

a) MIRRTEXT=0　b) MIRRTEXT=1

#### 5. 旋转对象

在 AutoCAD 中，旋转命令可以改变对象的方向，并按指定的基点和角度定位新的方向，旋转对象后默认为删除原图，也可以设定保留原图。

操作方式：

● 菜单命令：【修改】/【旋转】
● 工具栏：单击【修改】工具栏中的 按钮
● 命令行：rotate(ro)

【例2-24】 使用角度对象方式旋转图2-43所示的图形。

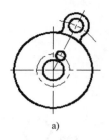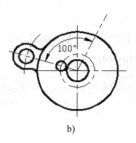

图 2-43　角度对象方式旋转

a) 原图　b) 旋转后的图

执行【修改】/【旋转】菜单命令，即执行 rotate 命令，AutoCAD 命令提示如下。

命令:_rotate ↙
UCS 当前的正角方向：ANGDIR=逆时针　ANGBASE=0
选择对象：找到 7 个　(选取要旋转的对象)
选择对象：↙
指定基点：　(选取大圆的圆心作为旋转基点)
指定旋转角度，或 [复制(C)/参照(R)] <0>：100 ↙　(输入旋转的角度)

说明：在输入旋转角度的时候，如果输入的是正数则逆时针旋转，否则顺时针旋转。

【例2-25】　使用复制旋转的方法绘制标志，如图 2-44 所示。

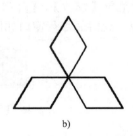

图 2-44　复制旋转

a) 原图　b) 旋转后的图

操作步骤

步骤 1　在命令行中输入 rotate 命令，按 Enter 键。
步骤 2　通过十字光标选取要旋转的对象。
步骤 3　以 O 点为旋转基点，在指定旋转角度时输入 120°。
步骤 4　重复步骤 1、2、3，只是在指定旋转角度时输入-120°。
步骤 5　按 Enter 键结束。

6. 阵列对象

阵列命令实际上是一种特殊的复制对象的方法，可以快速、有效地创建很多对象，因此是非常方便的，它分为环形阵列和矩形阵列两种方式。

操作方式：
- 菜单命令：【修改】/【阵列】
- 命令行：array (ar)

---

【例2-26】 使用矩形阵列绘制如图2-45所示的图形。

---

a)

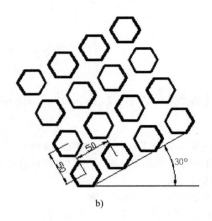

b)

图2-45 矩形阵列

a) 原图    b) 阵列后的图

**操作步骤**

步骤1 执行菜单【修改】/【阵列】/【矩形阵列】菜单命令，即执行 arrayrect 命令，选择要阵列的对象，此时命令行窗口如图2-46所示。

图2-46 【矩形阵列】命令行窗口指示

选择夹点以编辑阵列或 [关联(AS)/基点(B)/计数(COU)/间距(S)/列数(COL)/行数(R)/层数(L)/退出(X)] <退出>: as✓
创建关联阵列 [是(Y)/否(N)] <是>: y✓
选择夹点以编辑阵列或 [关联(AS)/基点(B)/计数(COU)/间距(S)/列数(COL)/行数(R)/层数(L)/退出(X)] <退出>: cou✓
输入列数数或 [表达式(E)] <4>: 4✓
输入行数数或 [表达式(E)] <3>: 4✓
选择夹点以编辑阵列或 [关联(AS)/基点(B)/计数(COU)/间距(S)/列数(COL)/行数(R)/层数(L)/退出(X)] <退出>: s✓
指定列之间的距离或 [单位单元(U)] <60✓>: 50
指定行之间的距离 <51.9615>:50✓
选择夹点以编辑阵列或 [关联(AS)/基点(B)/计数(COU)/间距(S)/列数(COL)/行数(R)/层数(L)/退出(X)] <退出>: x✓

步骤2 单击阵列后的图形任意位置，然后将光标移动到水平行最右侧三角形夹点上，即可出现菜单选择轴角度，如图2-47所示。

** 轴角度 **
指定轴角度: 60↙

**步骤 3** 将光标移动到垂直列最上方三角形夹点上，即可出现菜单选择轴角度。

** 轴角度 **
指定轴角度: 90↙
完成

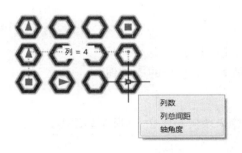

图 2-47 完成【矩形阵列】命令行窗口

【例 2-27】 使用环形阵列的方法绘制如图 2-48 所示的图形。

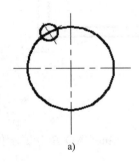
a)
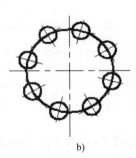
b)

图 2-48 环形阵列

a) 原图 b) 阵列后的图

**⬆ 操作步骤**

执行菜单【修改】/【阵列】/【环形阵列】菜单命令，即执行 arraypolar 命令，选择需要阵列的图形，命令行显示结果如图 2-49 所示。

指定阵列的中心点或 [基点(B)/旋转轴(A)]:（拾取并单击大圆圆心）↙
选择夹点以编辑阵列或 [关联(AS)/基点(B)/项目(I)/项目间角度(A)/填充角度(F)/行(ROW)/层(L)/旋转项目(ROT)/退出(X)] <退出>: i↙
输入阵列中的项目数或 [表达式(E)] <6>: 8↙
选择夹点以编辑阵列或 [关联(AS)/基点(B)/项目(I)/项目间角度(A)/填充角度(F)/行(ROW)/层(L)/旋转项目(ROT)/退出(X)] <退出>: x↙
完成

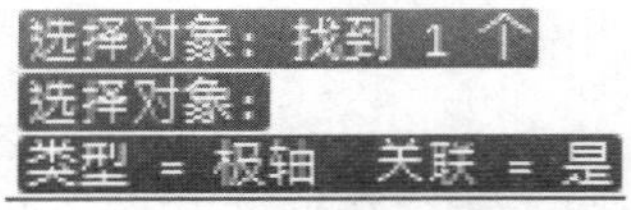

选择对象: 找到 1 个
选择对象:
类型 = 极轴  关联 = 是

图 2-49 【环形阵列】命令行窗口指示

### 7. 偏移对象

偏移是创建一个与原图形对象类似的新对象，对指定的图形进行复制，并将复制的图形对象同心偏移一定的距离。

操作方式：

- 菜单命令：【修改】/【偏移】
- 工具栏：单击【修改】工具栏中的 ⚏ 按钮
- 命令行：offset (o)

【例 2-28】 使用【偏移】命令绘制如图 2-50 所示的图形。

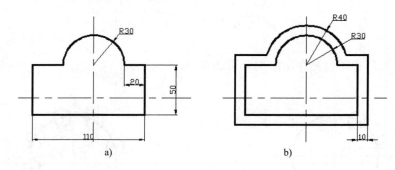

a)                    b)

图 2-50 偏移

a) 原图  b) 偏移后的图

执行【修改】/【偏移】菜单命令，即执行 offset 命令，AutoCAD 命令提示如下。

命令: _offset ✓
当前设置: 删除源=否  图层=源  OFFSETGAPTYPE=0
指定偏移距离或 [通过(T)/删除(E)/图层(L)] <通过>: 10✓  （给出偏移距离）
选择要偏移的对象，或 [退出(E)/放弃(U)] <退出>:  （用直接拾取方式，选择要偏移的距离）
指定要偏移的那一侧上的点，或 [退出(E)/多个(M)/放弃(U)] <退出>:（给出偏移方向，用鼠标拾取图 2-50 的外侧）
选择要偏移的对象，或 [退出(E)/放弃(U)] <退出>:  ✓

部分选项说明：

- 通过(T)：选择该选项，可以指定一个偏移点，偏移复制的图形通过此点。
- 删除(E)：选择该选项，可以选择在偏移后删除源对象。
- 图层(L)：选择该选项，可以指定新的对象是在当前图层中创建还是在与源对象相同的图层中创建。
- 多个(M)：选择该选项，可以进行多次偏移，并且在偏移的过程中方向是可以变化的。

### 8. 修剪对象

修剪可以非常快速地删除多余的线段，以与其他对象的边相接。

操作方式：

- 菜单命令：【修改】/【修剪】
- 工具栏：单击【修改】工具栏中的 ✲ 按钮
- 命令行：trim (tr)

【例2-29】 使用【剪切】命令绘制如图 2-51 所示的图形。

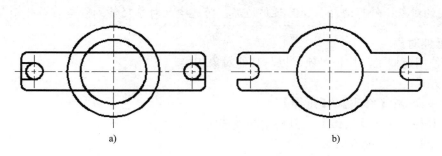

a)　　　　　　　　　　　　　b)

图 2-51　剪切

a) 原图　b) 剪切后的图

执行【修改】/【修剪】菜单命令，即执行 trim 命令，AutoCAD 命令提示如下。

命令:_trim ↙
当前设置:投影=UCS，边=无
选择剪切边...
选择对象或 <全部选择>：(选择需要剪切的图元的边界部分。如图 2-52 所示，可以选择图中画叉的图元)
选择对象：↙
选择要修剪的对象，或按住 Shift 键选择要延伸的对象，或 (选择要剪切下去的部分，如图 2-52 所示，可以选择图中画圈的图元)
[栏选(F)/窗交(C)/投影(P)/边(E)/删除(R)/放弃(U)]：
选择要修剪的对象，或按住 Shift 键选择要延伸的对象，或
[栏选(F)/窗交(C)/投影(P)/边(E)/删除(R)/放弃(U)]：
选择要修剪的对象，或按住 Shift 键选择要延伸的对象，或
[栏选(F)/窗交(C)/投影(P)/边(E)/删除(R)/放弃(U)]：↙

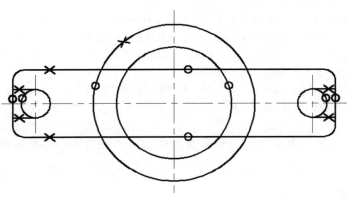

图 2-52　选择对象

说明:
- 如果要剪切的部分比较多的话,那么在选择对象的时候也可以采用选择整个图形的办法(即把图中所有的图元都作为剪切边界),然后单击鼠标右键,再删除要剪切的对象。
- 默认情况下,要选择被剪切的对象,系统将以剪切边界为界,将被剪切对象上位于拾取点一侧的部分删除。如果在剪切的时候按下 Shift 键,同时选择与修剪边不相交的对象,修剪边界将变为延伸边界,将选择的对象延伸到修剪边界并相交。

#### 9. 延伸对象

可以使用延伸工具拉长对象,以与其他对象相接。

操作方式:

- 菜单命令:【修改】/【延伸】
- 工具栏:单击【修改】工具栏中的 按钮
- 命令行:extend (ex)

【例2-30】 使用【延伸】命令完成如图 2-53 所示的图形。

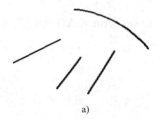
a)

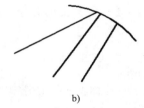
b)

图 2-53 延伸

a) 原图 b) 延伸后的图

执行【修改】/【延伸】菜单命令,即执行 extend 命令,AutoCAD 命令提示如下。

```
命令: _extend ✓
当前设置:投影=UCS,边=无
选择边界的边...
选择对象或 <全部选择>:    (选择要作为延伸的边界,这里选择圆弧作为延伸边界)
选择对象: ✓
选择要延伸的对象,或按住 Shift 键选择要修剪的对象,或
[栏选(F)/窗交(C)/投影(P)/边(E)/放弃(U)]:    (选择延伸的对象)
选择要延伸的对象,或按住 Shift 键选择要修剪的对象,或
[栏选(F)/窗交(C)/投影(P)/边(E)/放弃(U)]:
选择要延伸的对象,或按住 Shift 键选择要修剪的对象,或
[栏选(F)/窗交(C)/投影(P)/边(E)/放弃(U)]: ✓
```

说明:使用【延伸】命令时,如果在按住 Shift 键的同时选择处理的对象,则执行【修剪】命令。

#### 10. 缩放对象

缩放可以将对象按指定的比例因子相对于基点进行尺寸缩放。

操作方式：

菜单命令：【修改】/【缩放】

● 工具栏：单击【修改】工具栏中的■按钮

● 命令行：scale (sc)

【例2-31】　使用【缩放】命令完成如图2-54所示的图形。

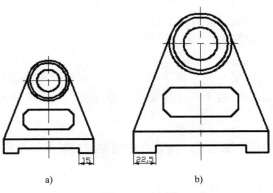

a)　　　　　　　　　　b)

图2-54　缩放

a) 原图　b) 缩放后的图

执行【修改】/【缩放】菜单命令，即执行 scale 命令，AutoCAD 命令提示如下。

命令：_scale ↙

选择对象：（选择要缩放的对象）

选择对象：↙

指定基点：（指定缩放的基点）

指定比例因子或 [复制(C)/参照(R)] <1.5000>：1.5↙（输入缩放的比例系数，当比例系数大于 1 时将放大源对象，小于 1 时将缩小源对象）

## 11．拉伸对象

拉伸可以将对象按指定的比例因子相对于基点进行尺寸缩放。

操作方式：

● 菜单命令：【修改】/【拉伸】

● 工具栏：单击【修改】工具栏中的■按钮

● 命令行：stretch (s)

【例2-32】　使用【拉伸】命令完成如图2-55所示的图形。

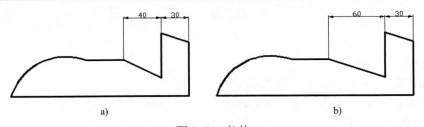

a)　　　　　　　　　　　　　　b)

图2-55　拉伸

a) 原图　b) 拉伸后的图

执行【修改】/【拉伸】菜单命令，即执行 stretch 命令，AutoCAD 命令提示如下。

> 命令: _stretch ✓
> 以交叉窗口或交叉多边形选择要拉伸的对象...
> 选择对象: c✓  (选择窗交的选择对象方式，如果想选择其他选择对象方式，可在"选择对象"
> 提示后直接输入"?"，然后依据提示选择)
> 指定第一个角点: 指定对角点: 找到 5 个   (选择需要拉伸的图形对象)
> 选择对象: ✓
> 指定基点或 [位移(D)] <位移>:   (指定拉伸的基点)
> 指定第二个点或 <使用第一个点作为位移>:20✓   (指定拉伸的距离)

> 说明：拉伸时，以交叉窗口或交叉多边形的方式来选择对象，该命令会移动所有位于选择窗口之内的图形对象，而对于与选择窗口边界相交的对象则进行拉伸操作。

### 12. 拉长对象
拉长可以改变对象的长度或角度，拉长后的结果与拉伸和修剪所得结果相似。
操作方式：
- 菜单命令：【修改】/【拉长】
- 命令行：lengthen (len)

**【例2-33】** 使用【拉长】命令完成如图 2-56 所示的图形。

执行【修改】/【拉长】菜单命令，即执行 lengthen 命令，AutoCAD 命令提示如下。

> 命令: _lengthen ✓
> 选择对象或 [增量(DE)/百分数(P)/全部(T)/动态(DY)]: dy ✓  （选择【动态】选项）
> 选择要修改的对象或 [放弃(U)]:  （选择要缩短的圆弧）
> 指定新端点:  （选择将要缩短的对象的新位置）
> 选择要修改的对象或 [放弃(U)]: ✓

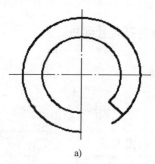

图 2-56  拉长
a) 原图   b) 拉长后的图

选项说明：
- 增量(DE)：以增量的方式修改圆弧或直线的长度。
- 百分数(P)：以相对原长度的百分比的方式修改圆弧或直线的长度。
- 全部(T)：以给定新直线的总长度或圆弧的包含角来改变长度。
- 动态(DY)：动态的改变圆弧或直线的长度。

### 13. 圆角对象

圆角可以使相邻两对象通过指定半径的圆弧相连。

操作方式：

- 菜单命令：【修改】/【圆角】
- 工具栏：单击【修改】工具栏中的 按钮
- 命令行：fillet (f)

【例2-34】 使用【圆角】命令完成如图 2-57 所示的图形中所有的圆角半径都为 5。

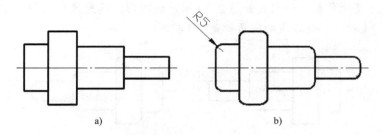

图 2-57 圆角

a) 原图 b) 圆角后的图

执行【修改】/【圆角】菜单命令，即执行 fillet 命令，AutoCAD 命令提示如下。

命令: _fillet ↙
当前设置: 模式 = 修剪，半径 = 0.0
选择第一个对象或 [放弃(U)/多段线(P)/半径(R)/修剪(T)/多个(M)]: r ↙ （选择设定圆角的【半径】选项）
指定圆角半径 <0.0>: 5 ↙ （设定圆角半径的数值）
选择第一个对象或 [放弃(U)/多段线(P)/半径(R)/修剪(T)/多个(M)]: （选择要倒角的两条边）
选择第二个对象，或按住 Shift 键选择要应用角点的对象: （选择要倒角的两条边）

重复以上操作完成其他的圆角处理。

选项说明：

- 多段线(P)：该选项将整个多段线连接起来，在整个多段线均需要倒角时使用非常方便。
- 半径(R)：该选项是指定半径大小将已知对象连接起来。
- 修剪(T)：该命令用于设置添加圆角后是否保留原拐角边，如图 2-58 所示。
- 多个(M)：该选项可以为多个对象连续添加圆角，而不必重新启用命令，命令行将重复显示主提示和"选择第二个对象"提示，直到用户按 Enter 键结束命令。

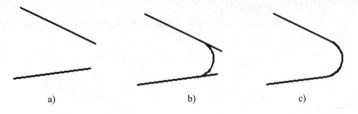

图 2-58 圆角

a) 原图 b) 不剪切圆角后的图 c) 剪切圆角后的图

> 说明：允许两条平行线倒圆角，圆角半径为两条平行线距离的一半。

### 14．倒角对象

倒角可以使相邻两对象以平角相连。

操作方式：

- 菜单命令：【修改】/【倒角】
- 工具栏：单击【修改】工具栏中的 按钮
- 命令行：chamfer (cha)

【例 2-35】　使用【倒角】命令完成如图 2-59 所示的图形，这里只有 E 点和 F 点的倒角尺寸为 "4,4"，其他各点的倒角都是 "3,4"。

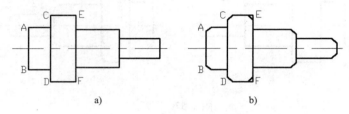

图 2-59　倒角

a) 原图　　b) 倒角后的图

执行【修改】/【倒角】菜单命令，即执行 chamfer 命令，AutoCAD 命令提示如下。

命令: _chamfer ↙
（"修剪"模式）当前倒角距离 1 = 0.0000，距离 2 = 0.0000
选择第一条直线或 [放弃(U)/多段线(P)/距离(D)/角度(A)/修剪(T)/方式(E)/多个(M)]:d ↙ （选择设定倒角的【距离】选项）
指定第一个倒角距离 <0.0000>: 3↙ （输入第一个倒角的距离）
指定第二个倒角距离 <3.0000>: 4↙ （输入第二个倒角的距离）
选择第一条直线或 [放弃(U)/多段线(P)/距离(D)/角度(A)/修剪(T)/方式(E)/多个(M)]: （选择第一个倒角的对象，选择交点为 A 的一条直线）
选择第二条直线，或按住 Shift 键选择要应用角点的直线：（选择第二个倒角的对象，选择交点为 B 的一条直线）

命令: _chamfer ↙
（"修剪"模式）当前倒角距离 1 = 3.0000，距离 2 = 4.0000
选择第一条直线或 [放弃(U)/多段线(P)/距离(D)/角度(A)/修剪(T)/方式(E)/多个(M)]:d ↙
指定第一个倒角距离 <3.0000>: 4 ↙
指定第二个倒角距离 <4.0000>: 4 ↙
选择第一条直线或 [放弃(U)/多段线(P)/距离(D)/角度(A)/修剪(T)/方式(E)/多个(M)]: （选择第一个倒角的对象，选择交点为 C 的一条直线）
选择第二条直线，或按住 Shift 键选择要应用角点的直线： （选择第二个倒角的对象，选择交点为 D 的一条直线）

命令: _chamfer ↙
（"修剪"模式）当前倒角距离 1 = 4.0000，距离 2 = 4.0000
选择第一条直线或 [放弃(U)/多段线(P)/距离(D)/角度(A)/修剪(T)/方式(E)/多个(M)]:t↙ （选择设

定倒角的【修剪】选项)

输入修剪模式选项 [修剪(T)/不修剪(N)] <修剪>: n✓ (选择倒角后保留原边)

选择第一条直线或 [放弃(U)/多段线(P)/距离(D)/角度(A)/修剪(T)/方式(E)/多个(M)]: (选择第一个倒角的对象,选择交点为 E 的一条直线)

选择第二条直线,或按住 Shift 键选择要应用角点的直线: (选择第二个倒角的对象,选择交点为 F 的一条直线)

命令: _chamfer ✓

("不修剪"模式) 当前倒角距离 1 = 4.0000,距离 2 = 4.0000

选择第一条直线或 [放弃(U)/多段线(P)/距离(D)/角度(A)/修剪(T)/方式(E)/多个(M)]:t ✓

输入修剪模式选项 [修剪(T)/不修剪(N)] <不修剪>: t ✓

选择第一条直线或 [放弃(U)/多段线(P)/距离(D)/角度(A)/修剪(T)/方式(E)/多个(M)]:

选择第二条直线,或按住 Shift 键选择要应用角点的直线:

重复以上命令完成其他边的倒角,结果如图 2-59b 所示。

### 15. 打断对象

打断可以将一个对象打断成两个对象,对象之间可以有一定的间隙,也可以没有间隙。

操作方式:

● 菜单命令:【修改】/【打断】

● 工具栏:单击【修改】工具栏中的□或▱按钮

● 命令行:break (br)

【例2-36】 使用在一点打断命令完成如图 2-60 所示的图形。

a) b)

图 2-60 在一点打断

a) 原图 b) 打断后的图

执行【修改】/【打断】菜单命令,即执行 break 命令,AutoCAD 命令提示如下。

命令: _break ✓

选择对象: (选择要打断的对象)✓

指定第二个打断点 或 [第一点(F)]: f✓ (重新指定要打断的点的位置)

指定第一个打断点: (通过【捕捉】命令选择要打断的点)

指定第二个打断点: @ (表示第二点和第一点位同一个点,也可以输入 "@0,0")

说明:如果要打断的点是对象上的任意一点,那么通常采用按住 Shift 键的同时单击鼠标右键,在弹出的快捷菜单中选择【最近点】选项来选择要打断的点。

【例2-37】 使用两点之间打断命令完成如图 2-61 所示的图形。

a) b)

图 2-61 在两点打断

a) 原图 b) 打断后的图

执行【修改】/【打断】菜单命令，即执行 break 命令，AutoCAD 命令提示如下。

命令: _break ✓
选择对象: （选择要打断的对象）✓
指定第二个打断点 或 [第一点(F)]: f✓（重新指定要打断的点的位置）
指定第一个打断点: （通过【捕捉】命令选择要打断的第一点）
指定第二个打断点: （通过【捕捉】命令选择要打断的第二点）

说明：
● 定义第二点时，选择的第二点也可以在对象之外，当在对象之外的区域选择时，实际的第二点为从单击处向对象做垂线的垂足。
● 当要打断的对象为圆时，删除的部分为从第一点按逆时针方向至第二点的圆弧。

### 16．合并对象
合并可以将相似的对象合并成一个对象。
操作方式：
● 菜单命令：【修改】/【合并】
● 工具栏：单击【修改】工具栏中的 ➤← 按钮
● 命令行：join (j)

【例2-38】 使用【合并】命令完成如图 2-62 所示的图形。

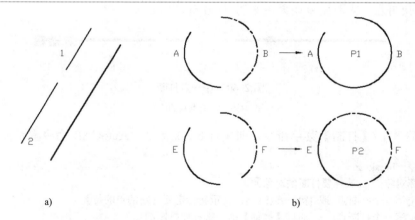

图 2-62 合并
a) 直线　b) 圆弧

执行【修改】/【合并】菜单命令，即执行 join 命令，AutoCAD 命令提示如下。

命令: _join ✓
选择源对象: （选择源对象，选择直线1）
选择要合并到源的直线: ✓ 找到 1 个（选择要被合并的对象，选择直线2）
已将 1 条直线合并到源

命令: _join ✓
选择源对象: （选择源对象，选择弧 A）

选择圆弧，以合并到源或进行 [闭合(L)]:

选择要合并到源的圆弧: ✓ 找到 1 个　（选择要被合并的对象，选择圆弧 B）

已将 1 个圆弧合并到源

命令:_join ✓

选择源对象:　（选择源对象，选择圆弧 F）

选择圆弧，以合并到源或进行 [闭合(L)]: L✓　（选择【闭合】选项，已将圆弧转换为圆）

---

**说明:**

- 合并直线时，直线对象必须共线（位于同一无限长的直线上），但是它们之间可以有间隙。
- 合并圆弧或椭圆弧时，圆弧（椭圆弧）对象必须位于同一假想的圆上，但是它们之间可以有间隙。【闭合】选项可将圆弧（椭圆弧）转换成圆（椭圆）。
- 合并多段线时，对象可以是直线、多段线或圆弧。对象之间不能有间隙，并且必须位于与 UCS 的 XY 平面平行的同一平面上。
- 合并样条曲线或螺旋时，样条曲线和螺旋对象必须相接（端点对端点）。结果对象是单个样条曲线。
- 合并两条或多条圆弧（或椭圆弧）时，将从源对象开始沿逆时针方向合并圆弧（或椭圆弧）。
- 对象合并后对象的属性均会更改为源对象的属性。

---

**17．分解对象**

分解可以将矩形、块等由多个对象组成的整体，分解成部件对象。

操作方式:

- 菜单命令:【修改】/【分解】
- 工具栏: 单击【修改】工具栏中的▨按钮
- 命令行: explode (x)

---

**说明:**

- 分解的对象是块。具有相同 X、Y、Z 比例的块将分解成它们的部件对象。带属性的块分解后将丢失属性，只显示相应的属性标志；系统变量 explode 控制对不等比例插入块的分解，其默认值为 1，允许分解，分解后的块中的圆、圆弧将保持不等比例插入所引起的变化，转化为椭圆、椭圆弧。如果设置的值为 0，则不允许分解。
- 分解的对象是多线。分解成直线和圆弧。
- 分解的对象是引线。根据引线的不同，可分解成直线、样条曲线、实体（箭头）、块插入（箭头、注释块）、多行文字或公差对象。
- 分解的对象是体。分解成一个单一表面的体（非平面表面）、面域或曲面。
- 分解的对象是文字。分解成文字对象。

---

# 2.3　习题

（1）利用点的相对坐标和相对极坐标绘制如图 2-63 所示的图形（可以不标注）。

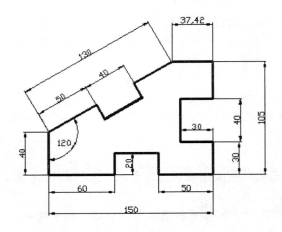

图 2-63　机械图形一

（2）绘制如图 2-64 所示的图形（可以不标注）。

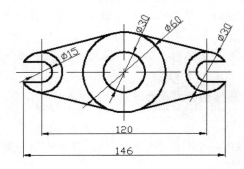

图 2-64　机械图形二

（3）绘制如图 2-65 所示的图形（可以不标注）。

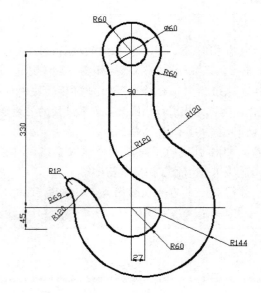

图 2-65　机械图形三

（4）绘制如图 2-66 所示的图形 A-A 处的剖视图和断面图（可以不标注）。

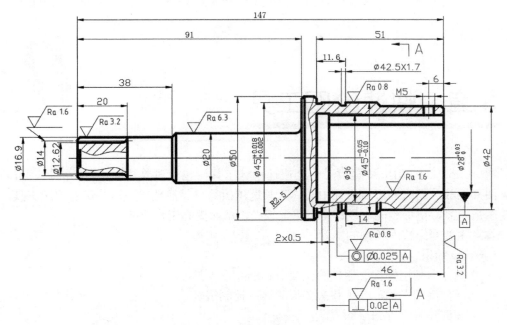

图 2-66　机械图形四

# 第 3 章　快速绘图工具

在 AutoCAD 2018 中提供了一类快速设计工具，包括对象捕捉、自动捕捉、自动追踪、图形缩放、鸟瞰图形、设计中心、工具选项板等。灵活地掌握这些快速绘图工具，可以使图形绘制得更加精确，设计变得更加轻松，从而提高工作效率。

本章主要介绍快速绘图的工具。

📖 **重点知识**

- 掌握如何使用捕捉、栅格、正交等辅助绘图工具
- 灵活使用图形缩放、平移等图形的显示控制工具
- 掌握创建和管理图层的方法
- 了解块和外部参照的概念
- 掌握如何使用块和外部参照
- 掌握如何使用设计中心和工具选项板

## 3.1　辅助绘图工具

绘制工程图的过程中经常需要设计人员精确地绘图，在中文版 AutoCAD 2018 中，可以使用系统提供的对象捕捉、对象捕捉追踪等功能，在不输入坐标的情况下快速、精确地绘制图形。下面就来介绍用 AutoCAD 2018 精确绘图的基本知识。

### 3.1.1　对象捕捉

绘图的过程中经常要指定一些已有对象上的点，例如中点、端点、圆心或两个对象的交点等。为此，AutoCAD 2018 提供了对象捕捉功能，可以方便、准确地捕捉到某些特殊点，从而精确地绘制图形。当需要使用对象捕捉功能时，可以打开如图 3-1 所示的【对象捕捉】工具栏。

操作方式：

- 状态栏：单击状态栏中的 对象捕捉 按钮
- 快捷键：F3 或 Ctrl+F3
- 命令行：osnap

部分选项说明：

- 端点：捕捉线段或圆弧等对象最近的端点。
- 中点：捕捉线段或圆弧等对象最近的中点。

图 3-1 【对象捕捉】工具栏

- 圆心：捕捉圆、圆弧、椭圆等对象的圆心。
- 节点：捕捉用 point 命令绘制的点或者是定数等分和定距等分所产生的点。
- 象限点：捕捉圆、圆弧、椭圆等对象的象限点。
- 交点：捕捉圆、圆弧、椭圆、直线等对象的交点。
- 垂足：捕捉垂直于圆、圆弧、椭圆、直线等对象的点。
- 切点：捕捉圆、圆弧、椭圆等对象的切点。
- 最近点：捕捉圆、圆弧、椭圆、直线等对象上靠近光标的点。

> **说明：**
> - "对象捕捉"不是命令，只是一种状态，它必须是在某个命令执行的过程中使用。
> - 如果在某个图元的附近有多种特殊的点，要在绘图的过程中捕捉这个图元上的某个特殊的点并不方便，这时可以通过按 Tab 键来遍历这些特殊的点。

## 3.1.2 自动捕捉

绘图的过程中使用对象捕捉的频率很高，因此 AutoCAD 提供了自动对象捕捉的功能。自动对象捕捉是使 AutoCAD 自动捕捉到像圆心、端点、中点这样的特殊点。要打开自动捕捉模式，可以执行【工具】/【草图设置】菜单命令，打开【草图设置】对话框，在【对象捕捉】选项卡中，选中【启用对象捕捉】复选框，如图 3-2 所示。

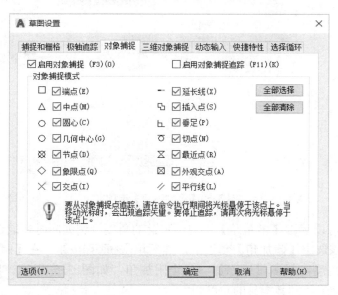

图 3-2 【对象捕捉】选项卡

## 3.1.3 自动追踪

在 AutoCAD 中，自动追踪可按指定角度绘制对象，或者绘制与其他对象有特定关系的对象。自动追踪功能分为极轴追踪和对象捕捉追踪两种，它是非常有用的辅助绘图工具。

### 1. 极轴追踪

极轴追踪是按事先给定的角度增量来追踪特殊点。若设置的增量角为 60°，则当光标移动到 0°、60°（60°的整数倍）等角度时，AutoCAD 就会显示这些方向的绘制辅助线。

操作方式：
- 状态栏：单击状态栏中的 ⊙ 按钮
- 快捷键：F10

执行【工具】/【草图设置】菜单命令，打开【草图设置】对话框，在【极轴追踪】选项卡中，选中【启用极轴追踪】复选框，如图 3-3 所示。

选项说明：
- 增量角：可以在下拉列表框中选择系统预设的角度，默认的增量角为 90°，如图 3-4 所示，也可以直接输入角度，例如输入增量角 45°，则所有 45°的整数倍角度都会被追踪到。

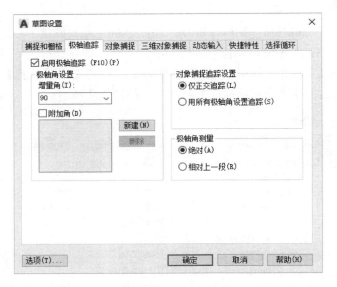

图 3-3　【极轴追踪】选项卡

- 附加角：可以追踪【增量角】不方便追踪的角度，例如同时要能追踪到 36°、47° 等，就可以选中【附加角】复选框，然后单击 新建(N) 按钮，在【附加角】下拉列表框中添加新角度，最多可以添加 10 个附加角，如图 3-5 所示。附加角不同于增量角，它只能追踪到其本身的角度。

图 3-4　设置增量角

图 3-5　设置附加角

## 2. 对象捕捉追踪

对象捕捉追踪是按与对象的某种特定关系来追踪，这种特定的关系确定了一个未知角度，从而确定定位点。

操作方式：

- 状态栏：单击状态栏中的 ∠ 按钮
- 快捷键：F11

执行【工具】/【草图设置】菜单命令，打开【草图设置】对话框，在【对象捕捉】选项卡中，选中【启用对象捕捉追踪】复选框，绘图时如图 3-6 所示。

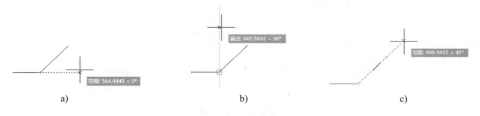

图 3-6 对象捕捉

a) 追踪水平路径 b) 追踪垂直路径 c) 追踪对齐延长路径

## 3.1.4 正交模式

在 AutoCAD 中，利用正交功能，用户可以方便地绘制与当前坐标系的 X 轴或 Y 轴平行的线段，正交功能是绘制工程图时常用到的绘图辅助工具。

操作方式：

- 状态栏：单击状态栏中的 ∟ 按钮
- 快捷键：F8
- 命令行：ortho

打开正交功能后，在绘图时光标只能沿水平或垂直方向移动，此时用户只需移动光标来指示线段的方向，但是如果用户坐标旋转了，那么鼠标总是沿着 X 轴或 Y 轴方向移动。

## 3.1.5 捕捉和栅格

## 1. 捕捉

捕捉用于设定鼠标光标移动的距离，打开捕捉开关后，可以使光标在指定的距离之间移动。

操作方式：

- 状态栏：单击状态栏中的 ▦ 按钮
- 快捷键：F9
- 命令行：snap

执行【工具】/【草图设置】菜单命令，打开【草图设置】对话框，在【捕捉和栅格】选项卡中，选中【启用捕捉】复选框，如图 3-7 所示。

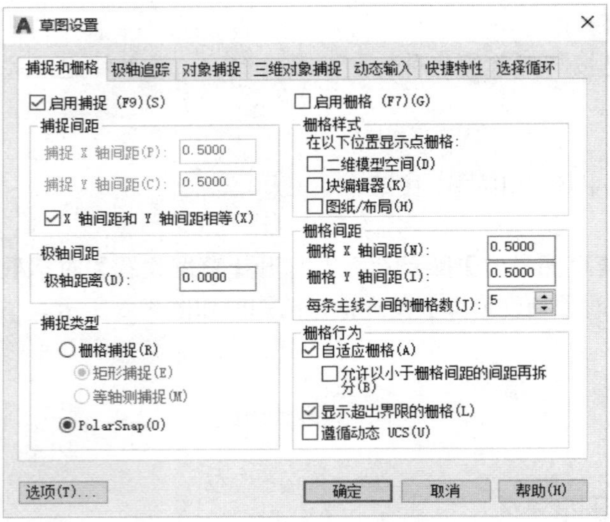

图 3-7 【捕捉和栅格】选项卡

### 2．栅格

栅格是显示在用户定义的图形界限内的点阵，类似于在图形下放置一张坐标纸。利用栅格可以准确定位图形对象的位置，并能迅速地计算出图形对象的长度，从而有助于快速地绘制图形。栅格只显示在当前图形界限的范围内。

操作方式：

● 状态栏：单击状态栏中的 ▦ 按钮

● 快捷键： F7

● 命令行：grid

执行【工具】/【草图设置】菜单命令，打开【草图设置】对话框，在【捕捉和栅格】选项卡中，选中【启用栅格】复选框，在绘制图形时窗口将显示栅格点，如图 3-8 所示。

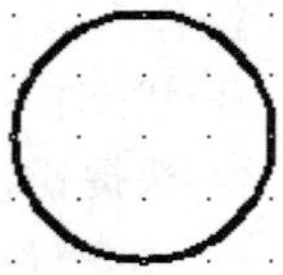

图 3-8　显示栅格点

### 3．设置捕捉和栅格参数

在 AutoCAD 2018 中，可以使用 snap 和 grid 命令来设置捕捉和栅格参数。

（1）使用 snap 命令设置捕捉的 AutoCAD 命令提示如下。

命令:_snap ✓
指定捕捉间距或 [开(ON)/关(OFF)/纵横向间距(A)/样式(S)/类型(T)] <10.0000>:

选项说明：

● 开(ON)/关(OFF)：打开捕捉模式和关闭捕捉模式且保留当前设置。

● 纵横向间距(A)：设置 X 轴和 Y 轴方向上的捕捉距离，其值可以相同也可以不同。

● 样式(S)：指定捕捉栅格的类型是标准型还是等轴测型。

● 类型(T)：确定极轴捕捉或矩形捕捉。

输入 snap 命令后，在"指定捕捉间距或 [开(ON)/关(OFF)/纵横向间距(A)/样式(S)/类型(T)] <10.0000>:"提示下输入"R"进入旋转模式。

r 指定基点 <0.0000，0.0000>: 0 ✓

指定旋转角度 <0>: 60 ↙ （旋转角度应在-90°～90°之间指定）

当旋转了一定的角度后，鼠标的指针方向也发生了变化，此时如果在正交模式下，绘图时只能沿着栅格的方向移动，如图3-9所示。

图3-9 沿栅格方向移动

（2）使用grid命令设置栅格的AutoCAD命令提示如下。

命令: _grid ↙
指定栅格间距(X) 或 [开(ON)/关(OFF)/捕捉(S)/主(M)/自适应(D)/界限(L)/跟随(F)/纵横向间距(A)] <10.0000>:

部分选项说明：
- 开(ON)/关(OFF)：打开和关闭栅格。
- 纵横向间距(A)：该选项用于设置X轴和Y轴的距离，设置的值可以相同也可以不同。

## 3.1.6 动态输入

动态输入功能可以在指针位置处显示标注输入和命令提示等信息，从而极大地方便了绘图。启用动态输入时，工具栏提示将在光标附近显示信息，该信息会随着光标移动而动态更新。当某条命令为活动时，工具栏提示将为用户提供输入的位置。动态输入有3个组件：指针输入、标注输入和动态提示。在状态栏[DNY]按钮图标上单击鼠标右键，然后单击【设置】按钮，以控制启用动态输入时每个组件所显示的内容。

操作方式：
- 状态栏：单击状态栏中的  按钮
- 快捷键： F12

可以执行【工具】/【草图设置】菜单命令，打开【草图设置】对话框，在【动态输入】选项卡中进行设置，如图3-10所示。

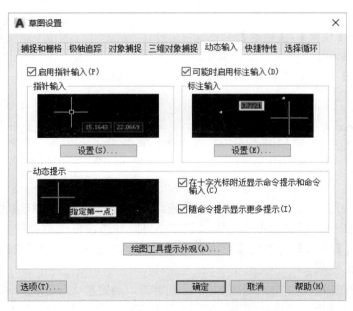

图3-10 【动态输入】选项卡

部分选项说明：

- 指针输入：当启用指针输入且有命令在执行时，用于设置指针动态输入的格式和可见性。十字光标的位置将在光标附近的工具栏提示中显示为坐标。可以在工具栏提示中输入坐标值，而不用在命令行中输入。第二个点和后续点的默认设置为相对极坐标。不需要输入"@"符号。如果需要使用绝对坐标，请使用前缀"#"。例如，要将对象移到原点，请在提示输入第二个点时输入"#0, 0"。

- 标注输入：它用于设置指针动态输入的可见性。启用标注输入后，当命令提示输入第二点时，工具栏提示将显示距离和角度值。在工具栏提示中的值将随着光标移动而改变。按 Tab 键可以移动到要更改的值。

- 动态提示：启用动态提示时，提示会显示在光标附近的工具栏提示中。用户可以在工具栏提示（而不是在命令行）中输入响应。按下箭头键可以查看和选择选项；按上箭头键可以显示最近的输入；按 Tab 键可在值之间进行切换，实现更直观的绘图功能。

## 3.2 图形的显示控制

在使用 AutoCAD 绘图的过程中，经常需要对所绘制的图形进行控制，在 AutoCAD 2018 中提供了缩放、平移等方法来控制图形的显示，可以更好地观察图形的效果。

### 3.2.1 图形缩放

视图是按一定比例、观察位置和角度显示的图形，在 AutoCAD 中可以通过缩放视图来观察图形对象，并且 AutoCAD 中提供了多种缩放的工具，如图 3-11 所示。

操作方式：

- 菜单命令：【视图】/【缩放】
- 命令行：zoom(z)

执行【视图】/【缩放】菜单命令，即执行 zoom 命令，AutoCAD 提示如下。

命令: _zoom ↙
指定窗口的角点，输入比例因子 (nX 或 nXP)，或者
[全部(A)/中心(C)/动态(D)/范围(E)/上一个(P)/比例(S)/窗口(W)/对象(O)] <实时>:

图 3-11 【缩放】工具栏

选项说明：

- 全部(A)：可以显示整个图形的所有图像，也就是在当前视口中缩放显示整个图形。在平面视图中，所有图形将被缩放到栅格界限和当前范围两者较大的区域中；在三维视图中，【全部】选项与【范围】选项等效。即使图形超出了栅格界限也能显示出所有对象。

- 中心(C)：在需要放大的图形适当位置上单击，确定放大显示的中心点，用户输入一个比例因子或指定高度，图形将按照所绘制的高度被放大并充满整个绘图窗口。

- 动态(D)：动态缩放是通过移动一个带"×"的视图框，"×"号表示进行缩放部分的中心，单击鼠标左键，此时选择窗口中心的"×"消失，显示一个位于右边框的方向箭头，拖动鼠标可改变选择窗口的大小，以确定选择区域大小，最后按下 Enter 键，即可完成图形缩放。

- 范围(E)：绘图窗口中将显示全部图形对象，且与图形界限无关，即使所有图形对象充满整个屏幕。
- 上一个(P)：将缩放显示前一个图形效果，最多可恢复此前的 10 个视图。
- 比例(S)：将按一定比例缩放视图，输入值，指定相对于图形界限的比例。例如，如果缩放到图形界限，则输入 0.5 将以对象原来尺寸的 1/2 显示对象；输入的值后面跟着 x，根据当前视图指定比例。例如，输入 0.5x 使屏幕上的每个对象显示为原大小的 1/2；输入值后跟 xp，指定相对于图纸空间单位的比例。例如，输入 0.5xp 以图纸空间单位的 1/2 显示模型空间。创建每个视口以不同的比例显示对象的布局。
- 窗口(W)：用两角点确定的矩形区域，或用鼠标拖出一个矩形区域作为窗口，矩形范围内的图形放大至整个屏幕。
- 对象(O)：精确地放大所选择的图形对象，使其充满整个屏幕。
- 实时：此时光标将变为带有加号"+"和减号"−"的放大镜，向上拖动光标可放大整个图形，向下拖动光标可缩小整个图形，释放鼠标后停止缩放。

### 3.2.2 平移视图

用户可以平移视图以重新确定其在绘图区域中的位置，以便看清图形的其他部分，平移不会更改图形中的对象位置或比例，而只是更改视图。执行【实时平移】命令，光标将变成实时平移的图标，按住鼠标左键并拖动鼠标，窗口内的图形就可按光标移动的方向移动。释放鼠标，可返回到平移等待状态。按 Esc 键或 Enter 键退出实时平移模式。

操作方式：
- 菜单命令：【视图】/【平移】/【实时】
- 命令行：pan(p)

### 3.2.3 实例——模型空间和图纸空间

#### 1. 模型空间与图纸空间的概念

所谓模型空间是指无限大的绘图区域，图纸空间中可以创建一个或多个布局视口、标注、说明和一个标题栏，以表示图纸空间和定义视图。

在绘图区的左下角，系统提供了 模型 布局1 布局2 选项卡，在模型空间中可以通过选择 布局1 布局2 中的选项卡，选择相应的布局切换到图纸空间。如果模型空间中的图形模型被删除，则在图纸空间的视口中也无法显示那些被删除的内容。在图形空间中可以在命令提示下输入 mspace 命令将布局中的上一个视口置为当前，然后在此布局的该视口内的模型空间中工作。双击一个视口，可以切换到模型空间，双击图纸空间的区域可以切换到图纸空间。

#### 2. 创建布局

在默认情况下，图形最开始有"布局 1""布局 2"两个布局，AutoCAD 提供了多种创建布局的方法，在单个图形中最多可以创建 255 个布局。布局的名称必须唯一，它最多可以包含 255 个字符，不区分大小写。布局选项卡上只显示最前面的 31 个字符。

操作方式：
- 菜单命令：【插入】/【布局】/【新建布局】
- 命令行：layout
- 快捷菜单：使用"创建布局向导"创建【布局】选项卡并指定设置

## 3.3　图层设置

在一个复杂的图形中，有许多不同类型的图形对象，可以通过创建多个图层，将特性相似的对象绘制在同一个图层上，以便于用户管理和修改图形。

在 AutoCAD 中可以创建无限多个图层，也可以根据需要给创建的图层设置名称，如直线层、虚线层、标注层等，每个图层还可以根据需要来控制图层上每个图元的可见性、各个图元的线型、各个图元的颜色等信息。

### 3.3.1　建立新图层

在 AutoCAD 2018 中，默认情况下图层 0 被指定使用 7 号颜色、Continuous 线型、默认宽度及普通打印样式。在没有建立新的图层时，所有的图形对象是在 0 层上绘制的，0 层不能被删除和重新命名。用户可以根据自己的需要建立适当的图层，并且对图层进行管理。

操作方式：
- 菜单命令：【格式】/【图层】
- 命令行：layer(la)

执行【格式】/【图层】菜单命令，即执行 layer 命令，打开【图层特性管理器】对话框，单击⚏按钮，如图 3-12 所示。

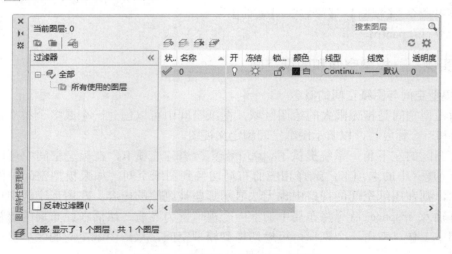

图 3-12　【图层特性管理器】对话框

部分选项说明：
- ⚏（新图层）：创建新图层，可以为新图层命名，新图层将继承列表中当前选定的图层的特性（颜色、线型、线宽等），用户可以根据需要进行修改，详见 3.3.3 节。

-  （删除）：为了减少文件占用的空间，可以将不使用的图层删除（0 层、当前层、包含图形对象的层、被外部文件参考的层），选择一个要删除的图层进行操作，图层可被删除。
- （所有窗口中已冻结的新图层）：创建新图层，然后在所有现有布局视口中将其冻结。
- （置为当前）：将选定层置为当前层，将在当前层上创建绘制的对象。

> **说明**：图层的名称最多有 255 个字符，可以使用数字、汉字、字母等，在图层名称中不能含有 "*" "\" "?" "\|" "<" ">" 以及空格等符号。为了区分每个图层，应当给每个图层设定不同的名称，且名称中不能有重名。

## 3.3.2 管理图层

一幅复杂的工程图往往由多个图层组成，为了提高工程设计人员的绘制、阅读、修改的效率，常常需要对图层进行适当管理，可以在【图层特性管理器】对话框中的图层上单击鼠标右键，在弹出的快捷菜单中选择要进行的操作，如图 3-13 所示。

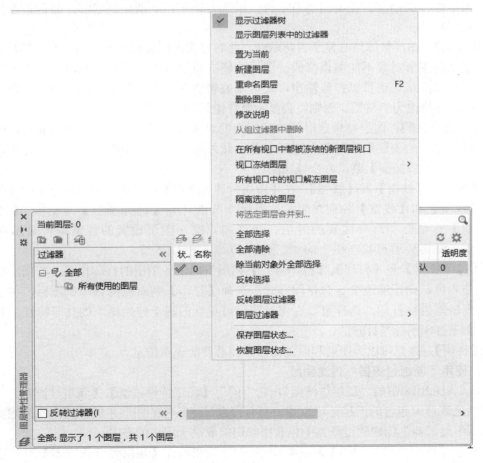

图 3-13  图层快捷菜单

## 1. 图层特性设置

【图层特性管理器】对话框中的每个图层都包含状态、名称、开/关、冻结、锁定、颜色、线型、线宽和打印样式等特性，特性的个数可以进行调整。用户可以在每个特性附近单击鼠标右键，选择【自定义】选项，在其中选择要显示的特性。选择【最大化所有列】选项，当所有列最大化时，较长的图层名称就会显示出来，如图 3-14 所示。

部分选项说明：

- 【状态】：它显示了图层和过滤器的状态，若图层状态参数显示为"√"，表明图层状态为当前层；若显示为"×"，表示此图层被删除。
- 【名称】：它是图层的标识。在默认情况下，图层名称按 0、图层 1、图层 2……的编号依次递增。用户也可以根据需要给图层重新定义能够表达其用途的名称。【图层特性管理器】对话框中按名称的字母顺序排列图层。通过使用共同的前缀命名有关图形部件的图层，可以在需要快速查找那些图层时，在图层名过滤器中使用通配符。
- 【开/关】：默认情况下图层是开的，灯泡显示为黄色，此时图层上的图形可以使用，也可以打印输出。图层在关闭时，灯泡显示为灰色，此时图层上的图形不能使用，也不能打印输出。在关闭当前层时，系统将显示一个消息对话框，警告正在关闭当前层。
- 【冻结】：图层被冻结时显示雪花图标，此时与关闭图层的效果相同，不同的是冻结图层上的图形对象不能编辑修改。图层被解冻将显示太阳图标，此时图层上的图形对象可以显示，也可以打印输出，还可以编辑修改。当前图层不能被冻结，也不能将冻结图层改为当前层，否则将会显示警告提示。
- 【锁定/解锁】：图层被锁定时，该图层上的对象可以显示出来，但不能编辑，同时可以在锁定的图层上绘制新的图形对象，此外还可以在锁定的图层上使用【查询】命令和【对象捕捉】菜单命令等功能。
- 【颜色】、【线型】和【线宽】：在【图层特性管理器】对话框中可以通过选择【颜色】、【线型】和【线宽】各列对应的小图标，分别打开【选择颜色】对话框、【选择线型】对话框和选择需要的颜色、线型和线宽（图层设置的线宽是否显示在屏幕中，还需要通过状态栏中的 线宽 来控制），详见 3.3.3 节。
- 【打印样式】和【打印】：【打印样式】列用于确定各图层的打印样式。若图层使用的是彩色，则不能改变这些打印样式，选择【打印】列对应的打印机图标，可以设置图层能否被打印，这样可以在保持图形可见性前提下控制图形的打印特性，默认状态下打印图标是打开的。
- 【说明】：该列可以为图层和组过滤器添加必要的说明信息。

## 2. 使用"新组过滤器"过滤图层

AutoCAD 2018 中的"新组过滤器"，它不同于【图层特性过滤】，【新组过滤器】对话框所创建的过滤器中包含的图层是特定的，只有符合过滤条件的图层才能存放在该过滤器中。使用"新组过滤器"创建的过滤器中包含哪些图层取决于用户的需求。

可以在【图层特性管理器】对话框中单击 按钮，在【图层特性管理器】对话框中左侧的树列表中添加一个"组过滤器 1"（用户可以根据需要来重新命名），如图 3-14 所示。

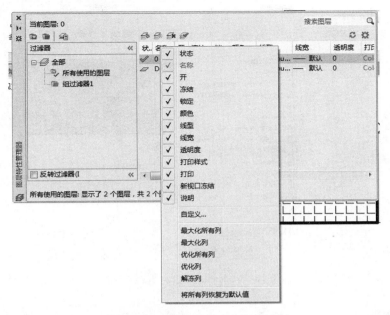

图 3-14　【图形特性管理器】对话框

### 3.3.3　实例——创建新图层

创建新图层操作主要包括设置图层的名称、图层的颜色、线型、线宽等，其中的线宽在国家标准中有详细的规定，用户可以根据国标进行设定，建立如图 3-15 所示的图形。

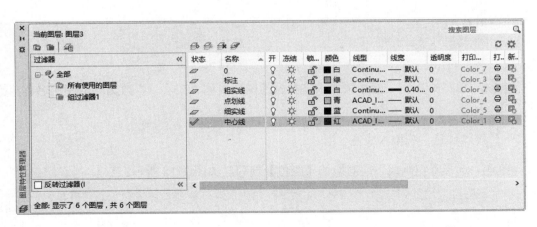

图 3-15　实例

新建一个 .dwg 的文件

步骤 1　执行【文件】/【新建】菜单命令，弹出【选择文件】对话框，如图 3-16 所示。

步骤 2　选择 acadiso.dwt 样板文件，单击  按钮，建立名称为 drawing#.dwg 的文件。

步骤 3　执行【格式】/【图层】菜单命令，即执行 layer 命令，打开【图层特性管理器】对话框，如图 3-17 所示。

图 3-16　以 acadiso.dwt 样板建立文件

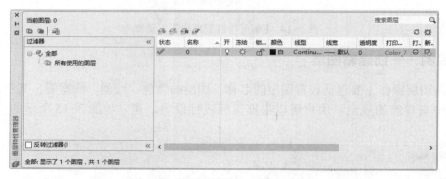

图 3-17　【图层特性管理器】对话框

**步骤 4** 单击 按钮，然后按要求将新建的图层名称"图层 1"改为相应图层名称"点画线"。

**修改颜色、线型和线宽**

**步骤 1** 选择"点画线"层对应的【颜色】选项，如图 3-18 所示。

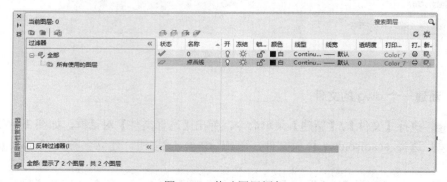

图 3-18　修改图层颜色

**步骤 2** 打开【选择颜色】对话框，如图 3-19 所示，选择青色。

图 3-19 【选择颜色】对话框

**步骤 3** 选择"点画线"层对应的【线型】选项,打开【选择线型】对话框,如图 3-20 所示。

图 3-20 【选择线型】对话框

**步骤 4** 单击 加载(L)... 按钮,打开【加载或重载线型】对话框,选择 CENTER 线型,单 击 确定 按钮,如图 3-21 所示。

图 3-21 【加载或重载线型】对话框

**步骤 5** 返回到【选择线型】对话框，如图 3-22 所示。

图 3-22 【选择线型】对话框

**步骤 6** 选择 CENTER 线型，单击 确定 按钮，返回到【图层特性管理器】对话框，如图 3-23 所示。

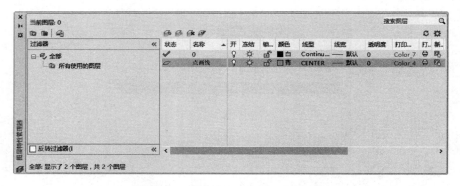

图 3-23 【图层特性管理器】对话框

**步骤 7** 选择"点画线"层对应的【线宽】选项，打开【线宽】对话框，如图 3-24 所示，选择适当的线宽，单击 确定 按钮，返回到【图层特性管理器】对话框，完成"点画线"层的设置。重复上述步骤完成其他层的设置。

图 3-24 【线宽】对话框

## 3.4　图块操作、外部参照

块也称图块，它的功能是可以将许多对象作为一个部件进行组织和操作，在绘图的过程中可以反复使用它，从而提高绘图的效率。

### 3.4.1　创建与编辑图块

#### 1. 创建块

可以在当前的图形中将一部分图形作为块保存在当前图形中，而不能在其他图形中调用，当然也可以在其他图形中调用已经定义的块，那么这时候调用的块必须是"写块"，"写块"是以文件的形式写入磁盘的，然后在其他图形中可以进行调用，下面对其分别进行介绍。

操作方式：

- 菜单命令：【绘图】/【块】/【新建】
- 工具栏：单击【绘图】工具栏中的 按钮
- 命令行：block(b)

执行【绘图】/【块】/【新建】菜单命令，即执行 block 命令，打开【块定义】对话框，如图 3-25 所示。

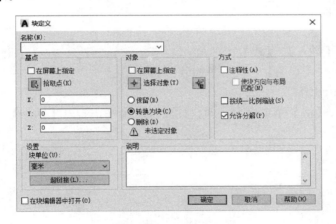

图 3-25　【块定义】对话框

部分选项说明：

- 【名称】下拉列表框：用于输入或者选择图块的名称。
- 【基点】选项组：用于设置插入块的基点位置，可以直接在 X、Y、Z 文本框中直接输入坐标，也可以单击拾取点处的 按钮切换回绘图窗口，直接通过鼠标选择基点。
- 【对象】选项组：用于在绘图窗口中选择组成图块的图形对象。

通过以上方法创建的块将保存在块所在的文件中，并且只有在块所在的文件中才能使用，如果在命令行中输入 wblock 命令，创建的图块可以直接保存在计算机的硬盘中，并能够在其他图形中进行调用。

执行 wblock 命令，打开【写块】对话框，如图 3-26 所示。单击该对话框中【目标】选项组中的路径另存为处的 按钮，就可以将"写块"存储到合适的位置，在需要的时候直接使用。

图 3-26 【写块】对话框

### 2．插入块

在绘图的过程中需要插入块的时候，用户可以选择需要的块并指定块的插入点、缩放比例、旋转角度等属性。

操作方式：

- 菜单命令：【插入】/【块】
- 工具栏：单击【绘图】工具栏中的 按钮
- 命令行：insert(i)

执行【插入】/【块】菜单命令，即执行 insert 命令，打开【插入】对话框，如图 3-27 所示。

图 3-27 【插入】对话框

### 3．编辑块

在 AutoCAD 中如果发现已经插入的块有一些参数不符合设计的要求，用户可以根据自己的需要进行修改。

操作方式：

- 菜单命令：【修改】/【特性】，然后选择要修改的块
- 命令行：properties(pr)
- 快捷键： Ctrl + 1

执行【修改】/【特性】菜单命令，即执行 properties 命令，打开【特性】对话框，选择需要修改的块，可以很方便地修改块的插入点、比例因子、旋转角度等特性。

### 3.4.2　编辑与修改图块属性

块属性就是附加到图块上的一些文字信息，是块中一个不可缺少的部分，并进一步增强了块的功能。属性从属于块，当删除块的时候，属性也同时被删除了。

#### 1. 定义块属性

要创建带有属性的块，首先必须创建描述属性特征的属性定义，然后再创建带有属性的块，具体操作步骤详见 3.4.4 节。

操作方式：
- 菜单命令：【绘图】/【块】/【定义属性】
- 命令行：attdef

#### 2. 修改块属性

（1）当用户在块属性定义过程中发现了错误时，可以进行修改。

操作方式：
- 菜单命令：【修改】/【对象】/【文字】/【编辑】
- 命令行：ddedit

执行【修改】/【对象】/【文字】/【编辑】菜单命令，即执行 ddedit 命令，打开【属性定义】对话框，如图 3-28 所示，这时可以对属性的标记、提示和默认值进行修改。

（2）当用户发现在块属性定义中出现了错误并且块已经插入到了图形中，这时也可以根据用户的需要进行修改。

操作方式：
- 菜单命令：【修改】/【对象】/【属性】/【单个】
- 命令行：eattedit

执行【修改】/【对象】/【属性】/【单个】菜单命令，即执行 eattedit 命令，打开【增强属性编辑器】对话框，如图 3-29 所示，利用该对话框可以修改图块的属性值、文本样式及图层特性等参数。

图 3-28　【属性定义】对话框

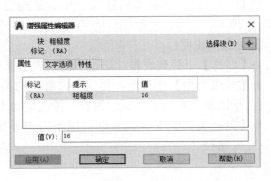

图 3-29　【增强属性编辑器】对话框

### 3.4.3 使用外部参照

外部参照与插入的图块有相似的地方，但外部参照和块也有一些区别，将图形对象作为图块插入到图形中，它可以保存在图形中，但并不随原始图形的改变而更新；而将图形作为外部参照附着时，会将该参照图形链接到当前图形；打开或重载外部参照时，对参照图形所做的任何修改都会显示在当前图形中。一个图形可以作为外部参照同时附着到多个图形中，反之，也可以将多个图形作为参照图形附着到单个图形。

操作方式：

● 菜单命令：【插入】/【DWG 参照】

● 工具栏：单击【参照】工具栏中的 按钮

● 命令行：xattach

执行【插入】/【DWG 参照】菜单命令，即执行 xattach 命令，打开【选择参照文件】对话框，如图 3-30 所示。

图 3-30 【选择参照文件】对话框

选择需要做外部参照的文件，单击 打开(Q) 按钮，打开【附着外部参照】对话框，如图 3-31 所示。

部分选项说明：

● 【名称】下拉列表框：通过下拉列表选择外部参照的名称。

● 【参照类型】选项组：指定外部参照的类型，包括附着型、覆盖型两种，附着型会显示出嵌套参照中参照的内容，覆盖型则不会显示出嵌套参照中参照的内容。

● 【路径类型】下拉列表框：用于指定外部参照的保存路径是完整路径、相对路径或无路径。

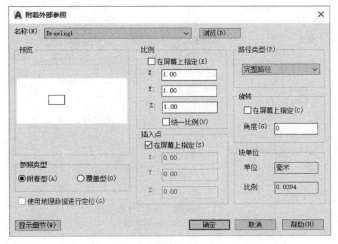

图 3-31 【附着外部参照】对话框

### 3.4.4 实例——创建表面粗糙度块

表面粗糙度是机械制图中经常使用的图元，在 AutoCAD 中，工程设计人员经常将表面粗糙度制作成块，以提高绘图的效率。创建如图 3-32 所示的表面粗糙度符号（不用标注）。

**操作步骤**

**步骤 1** 设置文字样式。首先创建新.dwg 图形，并参照本书前面介绍的知识进行图层设置，执行【格式】/【文字样式】菜单命令，定义"机械"文字样式，如图 3-33 所示。

图 3-32 表面粗糙度符号

**步骤 2** 定义块属性。执行【绘图】/【块】/【定义属性】菜单命令，弹出【属性定义】对话框，在对话框中进行设置，在【属性】选项组中的【标记】文本框中输入 ROU 值，在【提示】文本框中输入"输入粗糙度符号"，在【默认】文本框中输入值 3.2，在【文字设置】选项组中将【文字样式】选项中选择为"机械"，在【对正】选项中选择"左对齐"，如图 3-34 所示。

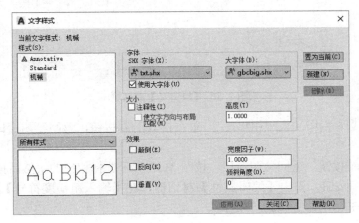

图 3-33 定义"机械"文字样式

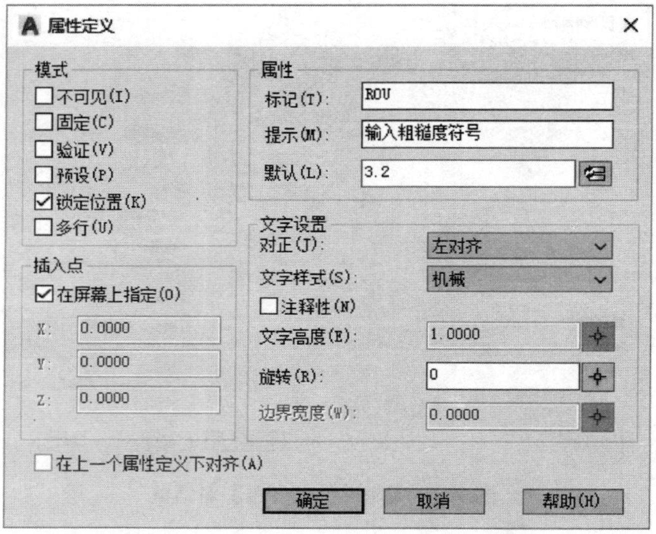

图 3-34 【属性定义】对话框

单击 确定 按钮，在命令行中出现"指定起点："，在表面粗糙度符号附近的适当位置拾取一点，即可完成对标记 ROU 的属性定义，如图 3-35 所示。

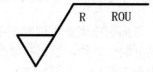

**步骤 3** 定义块。执行【绘图】/【块】/【创建】菜单命令，弹出【块定义】对话框，如图 3-36 所示。

图 3-35 表面粗糙度符号的属性定义

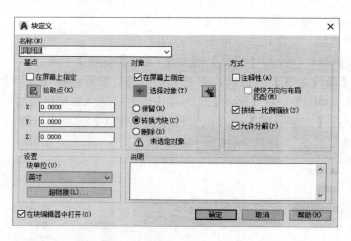

图 3-36 【块定义】对话框

在【名称】文本框中填入"粗糙度"，单击拾取点 按钮，返回绘图窗口，按图 3-37 所示选择基点。

单击 选择对象(T) 按钮，返回绘图窗口，按图 3-38 所示选择相应的块然后按〈Enter〉键。

单击 确定 按钮，弹出【编辑属性】对话框，在【输入粗糙度符号】文本框中输入合适的值，如图 3-39 所示，完成块的定义。

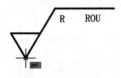

图 3-37 选择基点

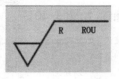

图 3-38 选择块

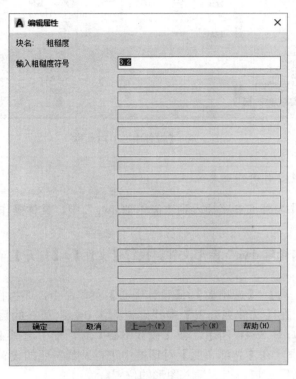

图 3-39 【编辑属性】对话框

## 3.5 设计中心与工具选项板

在 AutoCAD 中，设计中心具有很强的功能，用户可以通过设计中心对图形、块、图案填充和其他图形内容进行访问。可以将源图形中的任何内容拖动到当前图形中。可以将图形、块和填充拖动到工具选项板上。源图形可以位于用户的计算机上、网络位置或网站上。另外，如果打开了多个图形，则可以通过设计中心在图形之间进行复制和粘贴其他内容（如图层定义、布局和文字样式）来简化绘图过程。

### 3.5.1 设计中心

操作方式：
● 菜单命令：【工具】/【选项板】/【设计中心】
● 命令行：adcenter(adc)

执行【工具】/【选项板】/【设计中心】菜单命令，即执行 adcenter 命令，弹出【设计中心】对话框，如图 3-40 所示。

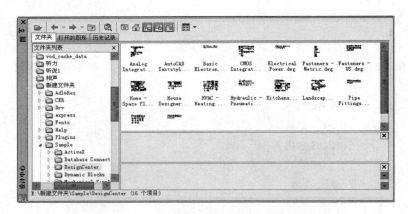

图 3-40 【设计中心】对话框

【例 3-1】 利用设计中心引用外部参照。

将"闷盖.dwg"作为外部参照插入到"齿轮轴.dwg"中，具体操作步骤如下。

**操作步骤**

步骤 1 打开"齿轮轴.dwg"图形文件。执行【文件】/【打开】菜单命令，打开"齿轮轴.dwg"图形文件。

步骤 2 执行【工具】/【选项板】/【设计中心】菜单命令，即执行 adcenter 命令，弹出【设计中心】对话框，在【文件夹列表】中找到"闷盖.dwg"所在的目录，在右边的文件显示栏中选择该文件，如图 3-41 所示，在【设计中心】对话框中选择【外部参照】图标，打开【外部参照】对话框，在【外部参照】对话框中进行外部参照的设置，设置完成后，单击 确定 按钮，返回绘图窗口，指定插入图形的位置。

图 3-41 查找"闷盖"文件

利用设计中心也可以查找参考图形文件。在 AutoCAD 中可以通过【搜索】对话框快速查找图形对象中的各种内容和设置。在【设计中心】对话框中单击【搜索】按钮 🔍，打开【搜索】对话框，如图 3-42 所示。通过【搜索】对话框可以搜索图形对象中的标注样式、表格样式、块、外部参照等对象。

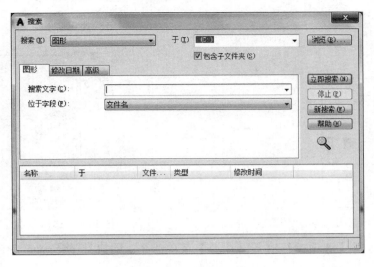

图 3-42 【搜索】对话框

### 3.5.2 工具选项板

工具选项板是【工具选项板】窗口中的选项卡形式区域，它们提供了一种用来组织、共享和放置块、图案填充及其他工具的有效方法。用户也可以自定义工具选项板的内容，以便更加快捷地进行图形绘制。

操作方式：

- 菜单命令：【工具】/【选项板】/【工具选项板】
- 快捷键：Ctrl + 3

【例 3-2】 使用【工具】选项卡绘制代号为 6002 的深沟球轴承。

 操作步骤

步骤 1 打开【工具选项板】窗口。

执行【工具】/【选项板】/【工具选项板】菜单命令，打开【工具选项板】窗口。

步骤 2 按要求在图形窗口中绘制代号为 6002 的深沟球轴承。

选择【工具选项板】窗口上的 选项卡，然后选择 图标，按命令行的提示将深沟球轴承插入绘图窗口中合适的位置。然后选择要添加的深沟球轴承，此时深沟球轴承的线条变成虚线，并出现如图 3-43 所示的图形，在上面出现两个控制图标，方形图标是用来控制深沟球轴承的位置的，用户可以将鼠标放在方形图标上，按住鼠标左键调整深沟球轴承在图形窗口中的位置；三角形图标是用来选择深沟球轴承的型号的，用户可以将鼠标放到三角形图标上，单击鼠标左键，如图 3-44 所示，在上面选择 6002，完成绘制。

【例 3-3】 将【设计中心】选项板上的内容添加到【工具选项板】窗口中。

 操作步骤

步骤 1 打开【设计中心】。

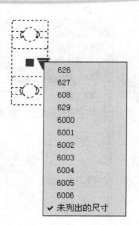

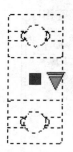

图 3-43  添加轴承          图 3-44  选择合适的型号

执行【工具】/【选项板】/【设计中心】菜单命令，即执行 adcenter 命令，弹出【设计中心】对话框，单击 按钮（主页）。

步骤 2  按要求向【工具选项板】窗口中添加内容。

在【设计中心】中找到相应的文件"端盖.dwg"的图标，并单击鼠标右键，在弹出的快捷菜单中选择【创建工具选项板】选项，如图 3-45 所示，这时系统会自动打开【工具选项板】，并且在【工具选项板】上增加了一个新的【端盖】选项卡，如图 3-46 所示。

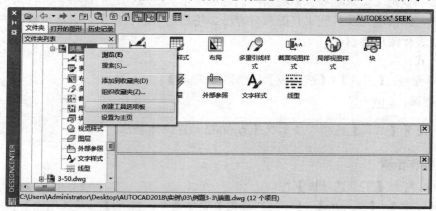

图 3-45  选择【创建工具选项板】选项

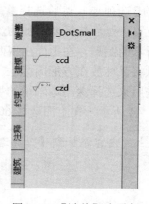

图 3-46  【端盖】选项卡

## 3.6 习题

（1）AutoCAD 2018 中提供了哪些精确绘图的工具？

（2）在 AutoCAD 2018 中有几种打开或者关闭"栅格"和"捕捉"功能的方法？

（3）利用极轴追踪模式，绘出如图 3-47 所示的图形。

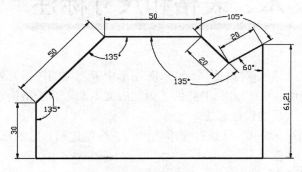

图 3-47 习题

# 第4章　文本、表格和尺寸标注

　　文本、表格和尺寸 3 个对象是 AutoCAD 图形中很重要的图形元素，也是绘图中不可缺少的组成部分。AutoCAD 2018 中提供了强大的文本输入、表格创建和尺寸标注功能，能够完整地表达设计人员的设计思想。

　　本章介绍如何利用 AutoCAD 进行文本输入、表格创建和尺寸的标注与编辑。

　　📖 **重点知识**

- 熟练地使用文本标注的相关命令
- 掌握表格的创建和编辑的相关命令
- 熟练使用尺寸标注

## 4.1　文本标注

　　在绘制好的工程图中输入文字之前需要对文字的样式进行设置，以使其符合行业的要求，下面将进行具体的介绍。

### 4.1.1　设置文本样式

　　AutoCAD 中的文字拥有字体、高度、效果、位置等属性，用户可以通过设置文字样式来控制文字的这些属性。

　　操作方式：

- 菜单命令：【格式】/【文字样式】
- 命令行：style (st)

　　选择以上的操作均可以打开【文字样式】对话框，如图 4-1 所示。

　　一旦更改了某个文字样式，则所有使用该样式的文字将随之改变。系统默认样式 Standard 不允许删除和重新命名，如果要使用不同于系统默认样式的文字样式，最好的办法是自己建立一个新的文字样式。

　　部分选项说明：

- 【样式】选项组：用于新建样式，重命名或者删除已有的样式。单击【新建】按钮打开【新建文字样式】对话框，输入新的样式名。
- 【字体】选项组：通过该选项组可以设置文字样式使用的字体和大小等属性。字体决定了文字最终显示的形式，该选项组包括【字体名】和【字体样式】两个选项。【字体名】用于选择字体，通过【字体名】下拉列表框可以选择已有字体，如图 4-2 所示。若用户书写的中文或符号出现乱码或 "?" 号，如图 4-3 所示，这是因为选择的字体不对；当使用矢量字体时，【使用大字体】复选框可以被选中，如图 4-4 所示，大字体是 AutoCAD 专门为亚洲国家设计的字体，包含中文、日文、韩文等文字。

图 4-1 【文字样式】对话框

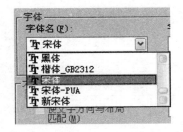

图 4-2 【字体】下拉列表框

图 4-3 中文或符号出现乱码

图 4-4 【大字体】下拉列表框

● 【大小】选项组：可以通过【注释性】选项组为图形中的说明和标签提供说明性的文字，还可以指定图纸空间视口中的文字方向与布局方向相匹配。通过【高度】文本框可以设置字体的高度，如图 4-5 所示。

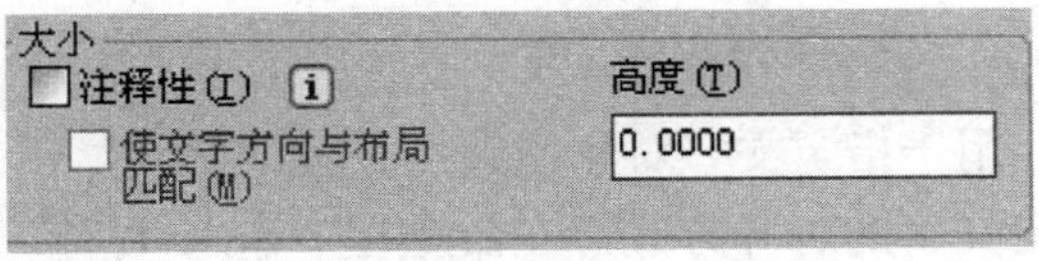

图 4-5 设置字体高度

● 【效果】选项组：通过【效果】选项组可以控制文字的效果，主要包括【颠倒】【反向】【垂直】3 个复选框，【宽度因子】和【倾斜角度】两个文本框设置的效果可以在预览区域中显示。字体选用不同的效果分别如图 4-6～图 4-9 所示。

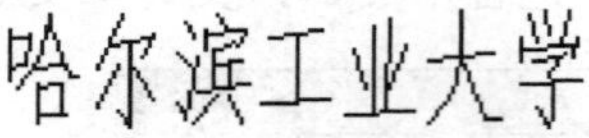

哈尔滨工业大学

图 4-6　没有使用效果

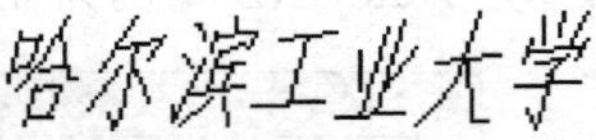

哈尔滨工业大学

图 4-7　倾斜角度 60°

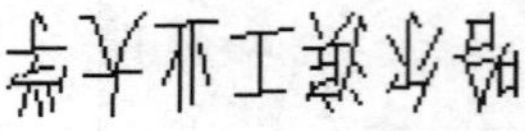

图 4-8　颠倒效果

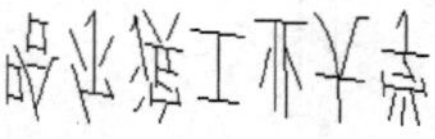

图 4-9　反向效果

### 4.1.2　单行文本标注

文本输入有两种方式：单行文字和多行文字。单行文字是指 AutoCAD 会将输入的内容作为一个对象来处理，它主要用于创建文字内容比较少的文字对象。

**1.　创建单行文字**

操作方式：
● 菜单命令：【绘图】/【文字】/【单行文字】
● 工具栏：单击【默认】工具栏中的 [A 单行文字] 按钮
● 命令行：text(t)、dtext (dt)

【例 4-1】　创建图 4-10 所示对正样式的文字，字高 2.5。

命令：_dtext ✓
当前文字样式："工程"
文字高度：2.5　说明性：否
指定文字的起点[ 对正(J)/ 样式(S )]:j✓（可以给定文字的起始位置，也可以设定对正方式或这行文字的样式）
输入选项[对齐(A)/调整(F)/中心(C)/中间(M)/右(R)/左上(TL)/中上(TC)/右上(TR)/左中(ML)/正中(MC)/右中(MR)/左下(BL)/中下(BC)/右下(BR)]:　bl　✓
指定高度 <2.5000>:（指定文字的高度）
指定文字的旋转角度 <0>:（指定文字的旋转角度）

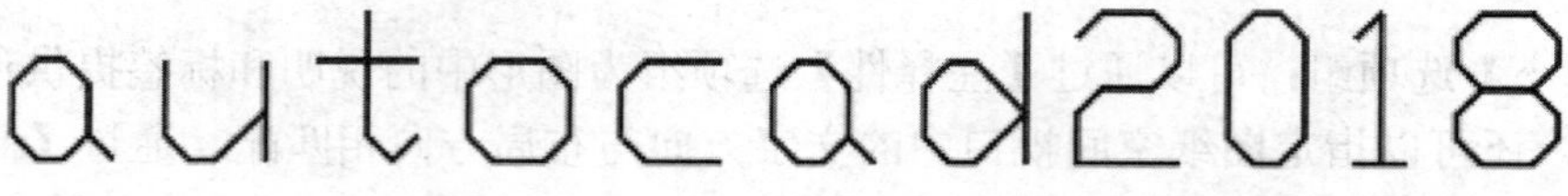

autocad2018

图 4-10　文字左下对正样式

选项说明：
● 指定文字的起点：用于指定文字对象的起点。
● 对正(J)：用于设定文字的对齐方式，在命令行中输入 J，按 Enter 键，命令行中将出现多种文字对齐方式，用户可从中选择合适的一种。
● 对齐(A)：字高无须输入，它取决于字的多少，可由字宽来反求。

- 调整(F)：字高由设定的值确定，字宽自动适应。
- 中心(C)：要求输入标注文本基线的中心，输入字符后，字符均匀地分布于该中心点的两侧。
- 中间(M)：要求输入标注文本中线的中心，输入字符后，字符均匀地分布于该中心点的两侧。
- 右(R)：要求输入标注文本中线的终点，输入字符后，字符均匀地分布于该终点的左侧。
- 左上(TL)/中上(TC)/右上(TR)/左中(ML)/正中(MC)/右中(MR)/左下(BL)/中下(BC)/右下(BR)：和【右】选项相类似，要求输入的起点位置不同，如图4-11所示。

- 样式(S)：用于设定文字的样式，在命令行中输入S，按 Enter 键，命令行中将出现"输入样式名或[?]<样式2>："，此时输入所要使用的样式名称即可。输入符号"?"，将列出所有的文字样式。

图4-11　起点位置

## 2. 编辑单行文字

如果用户需要更改输入的单行文字内容，可以通过编辑文字命令对文字的内容、字体、字体样式等进行编辑，也可以使用删除、复制等编辑工具对其进行编辑。

（1）修改文字的内容。

操作方式：

- 菜单命令：【修改】/【对象】/【文字】/【编辑】
- 工具栏：单击【默认】工具栏中的A按钮
- 命令行：text,dtext(t)

（2）修改文字大小。

操作方式：

- 菜单命令：【修改】/【对象】/【文字】/【比例】
- 工具栏：单击【注释】工具栏中的按钮
- 命令行：scaletext

（3）编辑对正方式。

操作方式：

- 菜单命令：【修改】/【对象】/【文字】/【对正】
- 工具栏：单击【注释】工具栏中的A按钮
- 命令行：justifytext

【例4-2】　按如图4-12所示调整文字的大小。

命令：_scaletext ↙
选择对象：找到 1 个　　　　　　　　　　　（选择文字"机械设计"）
选择对象：
输入缩放的基点选项
[现有(E)/左(L)/中心(C)/中间(M)/右(R)/左上(TL)/中上(TC)/右上(TR)/左中(ML)/正中(MC)/右中(MR)/左下(BL)/中下(BC)/右下(BR)] <左>: bl ↙　　　　　（选择合适的基点）
指定新模型高度或 [图纸高度(P)/匹配对象(M)/比例因子(S)] <5, 2614>: 2.5 ↙　（输入新的高度）

机械设计

80%

机械设计

80%

图 4-12　调整文字大小

### 4.1.3　多行文本标注

多行文字的功能比单行文字强大得多，对于较长、较复杂的文字内容通常是以多行文字方式输入的。多行文字一次输入的文字是一个对象，可以通过 Explode 命令分解成几个单行文字，而单行文字不可以再分解。

操作方式：

- 菜单命令：【绘图】/【文字】/【多行文字】
- 工具栏：单击【默认】工具栏中的 **A** 按钮
- 命令行：mtext (mt)

【例 4-3】　按图 4-13 所示输入技术要求。

技术要求:

1、轴端中心孔B3 GB145-59;

2、未注倒角为1x45°;

3、齿表面淬火，硬度HRC45，其余调质硬度为HB250-280。

图 4-13　技术要求

命令：_mtext　✓
当前文字样式："工程"
文字高度：2.5　说明性：否
指定第一角点：　　　　　　　　　　　　　　　　　　（指定文字输入的起点）
指定对角点或 [高度(H)/对正(J)/行距(L)/旋转(R)/样式(S)/宽度(W)/栏(C)]:
　　　　　　　　　　　　　　　　　　　　　　　（指定文字输入的对角点）

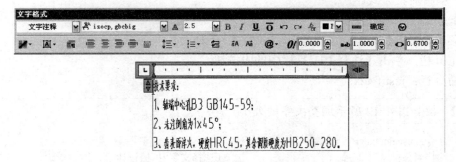

图 4-14　在文字编辑器中输入要表达的文字

在【文字格式】工具栏中可以设置多行文字的样式、字体、文字高度等属性。

部分选项说明：

- 样式：指定多行文字对象应用的文字样式。

- 字体：可以为输入的文字指定字体或改变选定文字的字体。
- 文字高度：可以按图形单位设置新文字的字符高度或修改选定文字的高度，多行文字对象可以包含不同高度的字符。
- 粗体和斜体：可以为输入的文字打开和关闭粗体、斜体格式。
- 下画线：可以为输入的文字打开和关闭下画线。

# 4.2　表格

在绘制一个完整的工程图时经常会遇到插入表格，利用 AutoCAD 2018 中的表格功能，可以方便、快速地绘制图纸所需的表格，用户可以使用默认表格样式 Standard，或通过【表格样式】对话框创建自己所需的表格样式。

操作方式：
- 菜单命令：【样式】/【表格样式】
- 工具栏：单击【默认】工具栏中的 按钮
- 命令行：tablestyle（ts）

执行【格式】/【表格样式】菜单命令，弹出【表格样式】对话框，如图 4-15 所示。

选项说明：
- 【样式】列表框：用于显示所有的表格样式，默认的表格样式为 Standard。
- 【列出】下拉列表框：用于控制表格样式在【样式】列表框中显示的条件。
- 【预览】框：用于预览选择的表格样式。
- 【置为当前】按钮：将【样式】列表框中的表格样式设置为当前样式，所有新表格都将使用此表格样式创建。

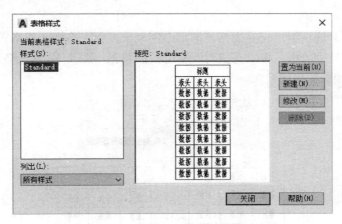

图 4-15　【表格样式】对话框

- 【新建】按钮：显示【创建新的表格样式】对话框，可以定义新的表格样式。
- 【修改】按钮：显示【修改表格样式】对话框，可以修改表格样式。
- 【删除】按钮：删除【样式】列表框中选定的表格样式。

说明：不能删除图形中正在使用的样式。

### 4.2.1 设置表格样式

单击 新建(N)... 按钮，打开【创建新的表格样式】对话框，如图 4-16 所示，在【新样式名】文本框中可以输入新建表格的名称，在【基础样式】下拉列表框中可以选择一个已有的表格样式作为新样式的基础，然后单击 继续 按钮，打开【新建表格样式】对话框，如图 4-17 所示。

图 4-16 【创建新的表格样式】对话框

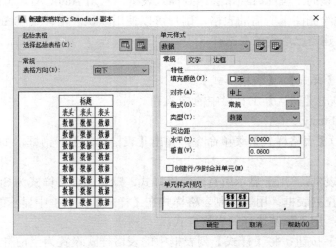

图 4-17 【新建表格样式】对话框

选项说明：

● 【起始表格】选项组：起始表格是图形中用来设置新表格样式或格式的样例表格。

● 【常规】下拉列表框：可以完成对表格方向的设置，图 4-18 为表格方式设置的方法和表格样式预览窗口的变化。

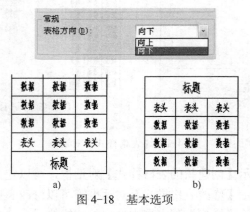

图 4-18 基本选项

a) 表格方向向上　b) 表格方向向下

● 【单元样式】下拉列表框：包含标题、表头和数据 3 个单元，每个单元包括 3 个选项卡，可以进行常规设置、文字设置和边框设置，设置好后，还可以在【单元样式预览】中查看设置效果。

> 说明：若表格内的文字显示为"？"符号，则需要设置文字的样式。

### 4.2.2　创建表格

设置了表格的样式以后，就可以创建所需要的表格，以下将详细介绍按照表格样式绘制表格的方法。

操作方式：

- 菜单命令：【绘图】/【表格】
- 工具栏：单击【默认】工具栏中的⊞按钮
- 命令行：table(tb)

选择以上任一操作方式可以弹出【插入表格】对话框，如图 4-19 所示，其中包含有【表格样式】、【插入方式】、【列和行设置】和【设置单元样式】4 个选项组，在选项组中设置不同的选项可以创建出不同样式的表格。

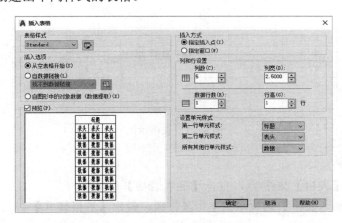

图 4-19　【插入表格】对话框

选项说明：

- 【表格样式】下拉列表框：通过【表格样式】下拉列表框可以选择系统提供或用户已经创建好的表格样式，默认样式为 Standard。可以通过单击按钮来修改所选的表格样式。
- 【插入方式】选项组：通过【插入方式】选项组可以指定表格的位置。其中【指定插入点】单选按钮，可以在绘图区中的某点插入固定大小的表格，当拖动表格到合适位置后，单击鼠标左键，即可完成表格的创建；【指定窗口】单选按钮可以在绘图区中通过拖动表格边框来创建任意大小的表格。
- 【列和行设置】选项组：包含【列数】【列宽】【数据行数】和【行高】4 个单元，可以进行【列数】设置、【列宽】设置、【数据行数】设置和【行高】设置，设置好后，还可以通过【预览】查看设置效果。
- 【设置单元样式】选项组：包含【第一行单元样式】【第二行单元样式】和【所有其他行单元样式】3 个单元，可以通过【第一行单元样式】、【第二行单元样式】和【所有其他行单元样式】对每行的样式进行设置。

用户设置完各个选项后，单击【插入表格】对话框中的 确定 按钮，移动鼠标在绘图窗口中单击，将插入一个表格，如图4-20所示。

图 4-20 插入的表格

【例4-4】 创建如图4-21所示的表格。

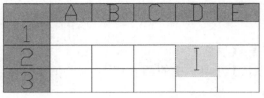

图 4-21 表格示例

### 操作步骤

**步骤 1** 单击【表格】按钮▦，打开【插入表格】对话框。

**步骤 2** 在【插入表格】选项组中单击▦按钮，弹出【表格样式】对话框。

**步骤 3** 在【表格样式】对话框中选择 Standard 样式后单击 修改(M)... 按钮，弹出【修改表格样式】对话框。

**步骤 4** 在【修改表格样式】对话框中，选择【单元样式】下拉列表框中的【标题】选项，取消选中【创建行/列时合并单元】复选框；选择【表头】选项卡，取消选中【创建行/列时合并单元】复选框；选择【数据】选项卡，取消选中【创建行/列时合并单元】复选框。依次单击 确定 和 关闭 按钮，返回【插入表格】对话框。

**步骤 5** 在【插入表格】对话框的【列和行设置】选项组中将【列数】设置为 6，【数据行数】设置为5，单击 确定 按钮后将在绘图窗口中绘制出一个如图4-22所示的表格。

**步骤 6** 选中表格后，在表格的四周显示出夹点。选择第 3 列和第 4 列的前三行共 6 个表格单元，然后单击鼠标右键，在弹出的快捷菜单上选择【合并】/【全部】；选择第 3 列和第 4 列的后两行共 4 个表格单元，然后单击鼠标右键，在弹出的快捷菜单上选择【合并】/【全部】；选择第 5 列和第 6 列的后两行共 4 个表格单元，然后单击鼠标右键，在弹出的快捷菜单上选择【合并】/【全部】，空白表格就创建完成了，如图4-23所示。

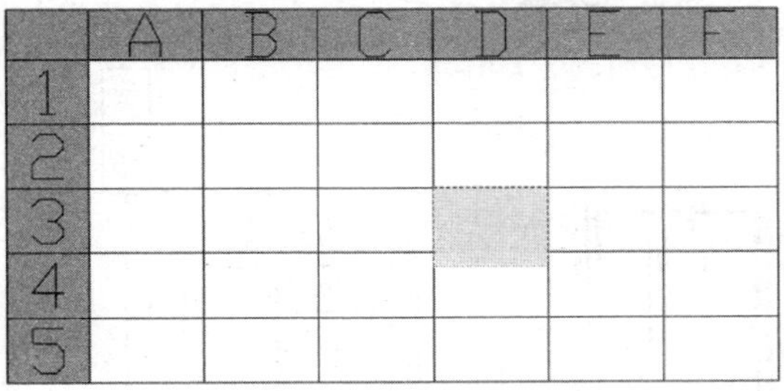

图 4-22　绘制出的表格

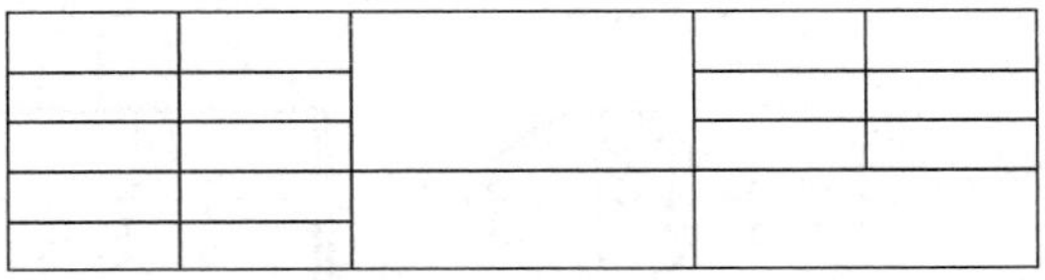

图 4-23　绘制好的表格

**步骤 7** 双击第 1 行第 1 列的单元格，弹出【文字格式】工具栏，该单元格的四周线型变为虚线，背景变为灰色，文字样式为"设计"，然后单击 确定 按钮，依次完成各个单元的输入。

### 4.2.3　编辑表格文字

对表格中文字样式的某些修改不能直接应用在表格中，这时可以单独对表格中的文字进行编辑。表格中文字的大小会决定表格单元格的大小，如果表格某一行中的一个单元格发生变化，它所在的行也会发生变化。

双击要修改的单元格的文字，如双击表格内的文字"设计"，弹出【文字编辑器】工具栏，此时可以对单元格的文字进行编辑，如图 4-24 所示。

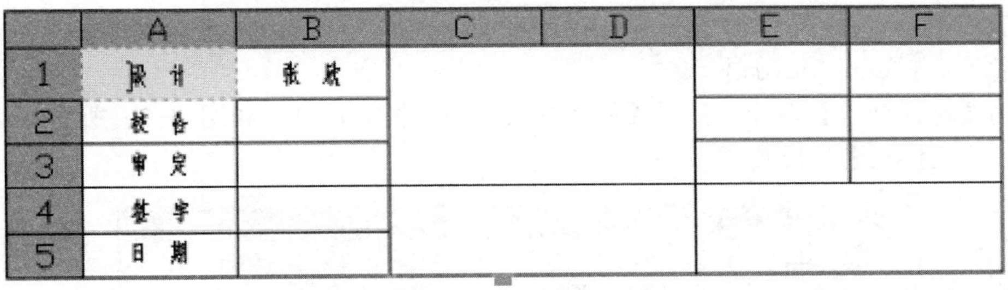

图 4-24　修改表格内容

光标显示为十字光标，此时可以修改文字内容、字体等特性，使用这种方法可以修改表格中的所有文字内容。

# 4.3　尺寸标注

尺寸标注是图样中不可缺少的重要组成部分，通过对绘制图形尺寸的标注，可以清楚地表达尺寸大小和加工精度等。AutoCAD 2018 提供了强大的、完整的尺寸标注。

### 4.3.1　尺寸标注的基本组成

尺寸标注绝大多数是由尺寸线、尺寸界线、尺寸箭头和文字组成的，如图 4-25 所示。

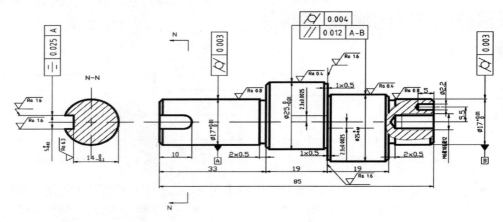

图 4-25　尺寸标注的基本组成

## 4.3.2　设置尺寸标注样式

　　在进行尺寸标注之前，首先应要对尺寸标注的样式进行设置，在 AutoCAD 中创建尺寸标注时使用的尺寸标注样式是"ISO-25"。用户可以根据需要设置一种新的尺寸标注样式，并将其设置为当前的标注样式。

　　操作方式：

● 菜单命令：【格式】/【标注样式】

● 工具栏：单击【默认】工具栏中【注释】下拉列表中的 📐 按钮

● 命令行：dimstyle (dst)

　　启用【标注样式】命令，弹出【标注样式管理器】对话框，如图 4-26 所示，从中可以对尺寸标注的样式进行设置。

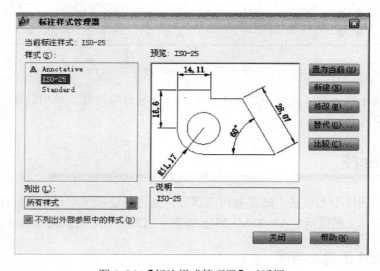

图 4-26　【标注样式管理器】对话框

　　选项说明：

●【样式】列表框：用来显示设定的尺寸样式名称。

- 【预览：ISO-25】选项：以图形方式显示已选定的尺寸样式方式的设置。
- 【列出】下拉列表框：用来控制在样式区域中列出的尺寸标注样式的范围。包含显示出所有样式和正在使用的样式两种类型。
- 【说明】选项：用来显示选定的尺寸标注样式的文本信息。
- 【置为当前】按钮：单击该按钮，可以将【样式】列表框中选定的标注样式设置为当前标注样式。
- 【新建】按钮：单击该按钮，将弹出【创建新标注样式】对话框，如图 4-27a 所示。在【新样式名】文本框中输入新标注样式的名称。
- 【修改】按钮：单击该按钮，将弹出【修改当前样式】对话框，从中可以修改标注样式。该对话框中的选项与【修改当前样式】对话框中的选项相同。

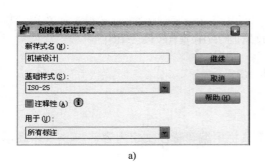

a)

b)

图 4-27 【创建新标注样式】对话框

- 【替代】按钮：根据需要设置临时的尺寸标注样式。该对话框中的选项与【修改标注样式】对话框中的选项相同。当把其他样式置为当前样式时，临时样式将自动消失。
- 【比较】按钮：显示【比较标注样式】对话框，从中可以比较两个标注样式之间的差别或列出一个标注样式的所有特性，如图 4-28 所示。

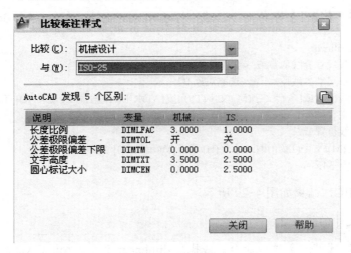

图 4-28 【比较标注样式】对话框

### 4.3.3 线性尺寸标注

线性标注一般用于标注图形对象的水平、垂直或倾斜方向的线性尺寸。在标注线性尺寸时，应打开对象捕捉和极轴追踪准确定位功能。

操作方式：

- 菜单命令：【标注】/【线性】
- 工具栏：单击【默认】工具栏中的 按钮
- 命令行：dimlinear(dli)

命令行提示信息如下。

> 命令：_dimlinear ✓
> 指定第一条尺寸界线原点或 <选择对象>: <对象捕捉 开>　　　　（打开"对象捕捉"功能，指定尺寸的起点）
> 指定第二条尺寸界线原点:　　　　　　　　　　　　　（指定尺寸的第二点）
> 指定尺寸线位置或[多行文字(M)/文字(T)/角度(A)/水平(H)/垂直(V)/旋转(R)]:
> （指定尺寸线的位置或输入选项）
> 指定尺寸线位置或 [多行文字(M)/文字(T)/角度(A)]:
> 标注文字 =100✓

选项说明：

- 多行文字(M)：在【多行文字编辑器】工具栏中编辑标注文字内容，"< >"内表示系统测定的尺寸数值。
- 文字(T)：可以以单行文字的形式直接输入标注文字的内容。
- 角度(A)：指定标注文字的旋转角度。
- 水平(H)/垂直(V)：可以创建水平线性标注或垂直线性标注。
- 旋转(R)：指定尺寸线的旋转角度。

**【例4-5】** 线性尺寸的标注1。

> 执行【标注】/【线性】菜单命令，或执行 dimlinear 命令，AutoCAD 命令提示如下。

> 命令：_dimlinear ✓
> 指定第一条尺寸界线原点或 <选择对象>:（选取对象 A）
> 指定第二条尺寸界线原点:　（选取对象 B）
> 指定尺寸线位置或[多行文字(M)/文字(T)/角度(A)/水平(H)/垂直(V)/旋转(R)]: T✓
> 输入标注文字<34>: qqc34
> 指定尺寸线位置或:
> [多行文字(M)/文字(T)/角度(A)水平(H)/垂直(V)/旋转(R)]: V✓
> 标注文字 =34✓

同理可标注 BC，结果如图 4-29 所示。

**【例4-6】** 线性尺寸的标注2。

> 执行【标注】/【线性】菜单命令，或执行 dimlinear 命令，AutoCAD 命令提示如下。

> 命令：_dimlinear ✓

指定第一条尺寸界线原点或 <选择对象>:（选取对象 D）

指定第二条尺寸界线原点：　（选取对象 E）

指定尺寸线位置或[多行文字(M)/文字(T)/角度(A)/水平(H)/垂直(V)/旋转(R)]: R↙

指定尺寸线的角度 <0>: 30　↙

指定尺寸线位置：

标注文字 = 29.4449↙

结果如图 4-29 所示。

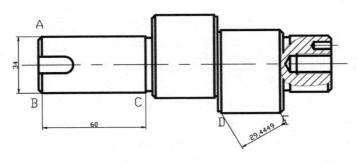

图 4-29　线性标注练习

## 4.3.4　对齐标注

对齐标注是线性标注的一种特殊形式。对齐标注可以对非水平或非垂直直线进行标注，其尺寸线平行于与尺寸界线原点连成的直线。

操作方式：

● 菜单命令：【标注】/【对齐】

● 工具栏：单击【标注】工具栏中的 按钮

● 命令行：dimaligned(dal)

【例 4-7】　对齐标注。

执行【标注】/【对齐】菜单命令，或执行 dimaligned 命令，AutoCAD 命令提示如下。

命令：_ dimaligned　↙

指定第一条尺寸界线原点或 <选择对象>:（选取对象 A）

指定第二条尺寸界线原点：　（选取对象 B）

指定尺寸线位置或

[多行文字(M)/文字(T)/角度(A)]:

标注文字 = 45　↙

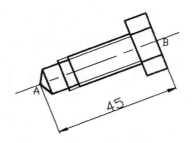

图 4-30　对齐标注练习

结果如图 4-30 所示。

## 4.3.5　角度标注

角度标注用于测量两条直线间的角度、圆和圆弧的角度或 3 个点之间的角度。角度标注可以测量指定的象限点，该象限点是在直线或圆弧的端点、圆心或两个顶点之间对角度进行标注时形成的。创建角度标注时，可以测量 4 个可能的角度。通过指定象限点，使用户可以确保已标注正确的角度。指定象限点后，要防止角度标注时，用户将标注文字设在标注的尺寸延伸线之外，此时尺寸线会自动延长。

操作方式：

- 菜单命令：【标注】/【角度】
- 工具栏：单击【标注】工具栏中的 △ 按钮
- 命令行：_ dimangular (dan)

【例4-8】 角度标注。

执行【标注】/【角度】菜单命令，或执行 dimangulard 命令，AutoCAD 命令提示如下。

    命令：_ dimangular  ✓
    选择圆弧、圆、直线或 <指定顶点>:（选择直线 AB）
    选择第二条直线:（选择直线 CD）
    指定标注弧线位置或 [多行文字(M)/文字(T)/角度(A)/象限点(Q)]:
    标注文字 = 134✓

结果如图 4-31 所示。

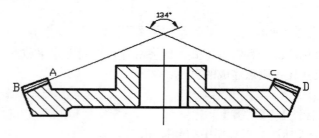

图4-31　角度标注练习

## 4.3.6　半径标注

半径标注用来标注圆弧或圆的半径。半径标注的尺寸线是从圆心指向圆弧上的一点，并且在标注的过程中，AutoCAD 将自动在标注文字前添加半径符号 "R"。

操作方式：

- 菜单命令：【标注】/【半径】
- 工具栏：单击【标注】工具栏中的 ⊙ 按钮
- 命令行：_ dimradius (dra)

【例4-9】 半径标注。

执行【标注】/【半径】菜单命令，或执行 dimradius 命令，AutoCAD 命令提示如下。

    命令：_ dimradius  ✓
    选择圆弧或圆:
    标注文字 = 22✓
    指定尺寸线位置或 [多行文字(M)/文字(T)/角度(A)]:

命令：_ dimradius　✓
选择圆弧或圆：
标注文字 = 140✓
指定尺寸线位置或 [多行文字(M)/文字(T)/角度(A)]：

结果如图 4-32 所示。

图 4-32　半径标注练习

> **说明：** 当通过【多行文字】或【文字】选项重新确定尺寸数字时，只有给输入的文字前加前缀 "R"，才能使标出的半径尺寸有半径符号 "R"，否则没有该半径符号。

## 4.3.7　直径标注

直径标注用来标注圆弧或圆的直径。直径标注的尺寸线是从圆心指向圆弧上的一点，并且在标注的过程中，AutoCAD 将自动在标注文字前添加直径符号 "$\phi$"。

操作方式：

● 菜单命令：【标注】/【直径】
● 工具栏：单击【标注】工具栏中的 按钮
● 命令行：_ dimdiameter (ddi)

【例 4-10】 为图 4-33a 进行直径标注。

执行【标注】/【直径】菜单命令，或执行 dimdiameter 命令，AutoCAD 命令提示如下。

命令：_ dimdiameter　✓
选择圆弧或圆：
标注文字 = 42
指定尺寸线位置或 [多行文字(M)/文字(T)/角度(A)]：（将标注的尺寸放在合适的位置）
命令：_ dimdiameter✓
选择圆弧或圆：
标注文字 = 72
指定尺寸线位置或 [多行文字(M)/文字(T)/角度(A)]：（将标注的尺寸放在合适的位置）
命令：_ dimdiameter✓
选择圆弧或圆：

标注文字 = 18

指定尺寸线位置或 [多行文字(M)/文字(T)/角度(A)]: （将标注的尺寸放在合适的位置）

结果如图 4-33b 所示。

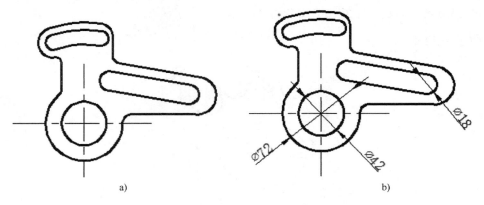

图 4-33　直径标注练习

a) 标注前　b) 标注后

　　说明：当通过【多行文字】或【文字】选项重新确定尺寸数字时，只有给输入的文字前面添加前缀"φ"，才能使标出的直径尺寸有直径符号"φ"，否则没有该直径符号。当执行【格式】/【标注样式】命令时，弹出【标注样式管理器】对话框，单击 修改(M)... 按钮，弹出【修改标注样式】对话框，选择【文字】选项卡，然后选择【文字对齐】选项中的【水平】选项，如图 4-34 所示。依次单击 确定 按钮和 关闭 按钮即可修改标注的样式，如图 4-33b 所示。

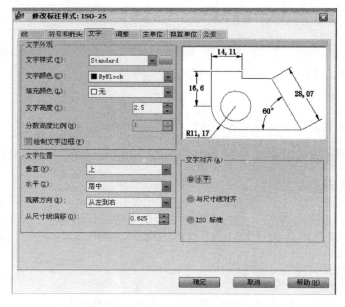

图 4-34　【文字】选项卡

### 4.3.8　圆心标记标注

圆心标记标注可以根据需要在圆或圆弧的中心点处标注圆心标记。

操作方式：

- 菜单命令：【标注】/【圆心标记】
- 工具栏：单击工具栏【注释】/【中心线】中的 ⊕ 按钮
- 命令行： _ dimcenter (dce)

### 4.3.9　弧长标注

圆弧除了可以标注半径和直径以外，还可以标注圆弧的弧长。

操作方式：

- 菜单命令：【标注】/【弧长】
- 工具栏：单击【注释】/【标注】工具栏中的 ⌒ 按钮
- 命令行： _ dimarc (dar)

【例 4-11】　弧长标注。

执行【标注】/【弧长】菜单命令，或执行 dimarc 命令，AutoCAD 命令提示如下。

```
命令: _ dimarc    ↙
选择弧线段或多段线弧线段:
指定弧长标注位置或 [多行文字(M)/文字(T)/
角度(A)/部分(P)/引线(L)]:
标注文字 = 75.72↙
```

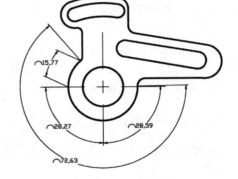

图 4-35　弧长标注练习

结果如图 4-35 所示。

选项说明：

- 多行文字(M)：使用多行文字编辑器编辑标注文字内容。
- 文字(T)：可以以单行文字的形式直接输入标注文字的内容。
- 角度(A)：指定标注文字的旋转角度。
- 部分(P)：可以标注选定圆弧某一部分的弧长。此时系统提示如下。

```
指定弧长标注的第一个点: (指定圆弧上弧长标注的起点)
指定弧长标注的第二个点: (指定圆弧上弧长标注的终点)
```

- 引线(L)：选择该项，可以添加引线对象，仅当圆弧或圆弧段大于 90°时才会显示此项，引线是径向绘制的，指向所标注圆弧的圆心。

### 4.3.10　折弯标注

当圆弧或圆的圆心位于布局外并且无法在其实际位置显示时，可以创建折弯半径标注，也称缩放的半径标注。

操作方式:

● 菜单命令:【标注】/【折弯】

● 工具栏:单击【注释】/【标注】工具栏中的 按钮

● 命令行: _ dimjogged (djo)

【例4-12】 折弯标注。

执行【标注】/【折弯】菜单命令,或执行 dimjogged 命令,AutoCAD 命令提示如下。

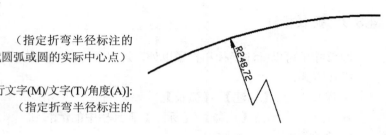

命令: _ dimjogged　✓
选择圆弧或圆:
指定图示中心位置:　　　（指定折弯半径标注的
新中心点,以用于替代圆弧或圆的实际中心点）
标注文字 ＝248.72✓
指定尺寸线位置或 [多行文字(M)/文字(T)/角度(A)]:
指定折弯位置:　　　　（指定折弯半径标注的
另一点）

结果如图4-36所示。

图4-36　折弯标注练习

### 4.3.11　基线标注

基线尺寸标注是标注一组起始相同的尺寸,其特点是尺寸拥有相同的基准线,在创建基线标注和连续标注之前,都必须已存在一个以上的尺寸标注。

操作方式:

● 菜单命令:【标注】/【基线】

● 工具栏:单击【注释】/【标注】工具栏中的 按钮

● 命令行: dimbaseline (dba)

【例4-13】 基线标注。

步骤1 执行【标注】/【线性】菜单命令,或执行 dimlinear 命令,AutoCAD 命令提示如下。

命令: _dimlinear　✓
指定第一条尺寸界线原点或 <选择对象>:
指定第二条尺寸界线原点:
指定尺寸线位置或
[多行文字(M)/文字(T)/角度(A)/水平(H)/垂直(V)/旋转(R)]:
标注文字 ＝21.3✓

步骤2 执行【标注】/【基线】菜单命令,或直接执行 dimbaseline 命令,AutoCAD 命令提示如下。

命令: _dimbaseline　✓
指定第二条尺寸界线原点或 [放弃(U)/选择(S)] <选择>:
标注文字 ＝ 37.07　✓
指定第二条尺寸界线原点或 [放弃(U)/选择(S)] <选择>:

标注文字 = 53.57 ✓
指定第二条尺寸界线原点或 [放弃(U)/选择(S)] <选择>:
标注文字 = 79.09 ✓
指定第二条尺寸界线原点或 [放弃(U)/选择(S)] <选择>:
标注文字 = 105.76 ✓
指定第二条尺寸界线原点或 [放弃(U)/选择(S)] <选择>:

结果如图 4-37 所示。

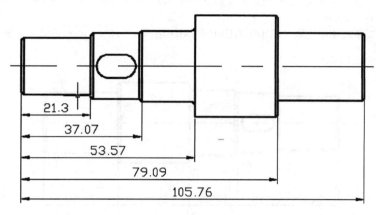

图 4-37 基线标注练习

## 4.3.12 连续标注

连续标注是创建一系列首尾相连的多个标注，在创建连续标注之前必须存在一个以上的尺寸标注（线性标注、坐标标注或角度标注）。

操作方式：
- 菜单命令：【标注】/【连续】
- 工具栏：单击【注释】/【标注】工具栏中的 按钮
- 命令行：dimcontinue (dco)

【例 4-14】 线性连续标注。

步骤 1 执行【标注】/【线性】菜单命令，或执行 dimlinear 命令，AutoCAD 命令提示如下。

命令: _dimlinear ✓
指定第一条尺寸界线原点或 <选择对象>:（选择 A 点）
指定第二条尺寸界线原点: （选择 B 点）
指定尺寸线位置或
[多行文字(M)/文字(T)/角度(A)/水平(H)/垂直(V)/旋转(R)]:
标注文字 = 21.32 ✓

步骤 2 执行【标注】/【连续】菜单命令，或执行 dimcontinue 命令，AutoCAD 命令提示如下。

命令: _dimcontinue　✓（自动选择 B 点）
指定第二条尺寸界线原点或 [放弃(U)/选择(S)] <选择>:（选择 C 点）
标注文字 = 15　✓
指定第二条尺寸界线原点或 [放弃(U)/选择(S)] <选择>:（选择 D）
标注文字 = 17.25　✓
指定第二条尺寸界线原点或 [放弃(U)/选择(S)] <选择>:（选择 E 点）
标注文字 = 25.52　✓
指定第二条尺寸界线原点或 [放弃(U)/选择(S)] <选择>:（选择 F 点）
标注文字 = 26.68　✓
指定第二条尺寸界线原点或 [放弃(U)/选择(S)] <选择>:　（按 Enter 键结束命令）

结果如图 4-38 所示。

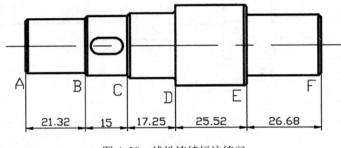

图 4-38　线性连续标注练习

【例 4-15】　角度连续标注。

执行【标注】/【角度】菜单命令，在 A、B 点进行角度标注，然后执行【标注】/【连续】菜单命令，依次选取 C、D 和 E 点，最后按 Enter 键结束，结果如图 4-39 所示。

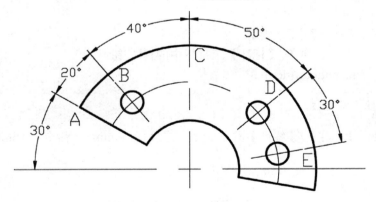

图 4-39　角度连续标注练习

### 4.3.13　引线标注

**1. 引线样式**

引线在标注的过程中用得很多，引线后面可以跟随多个选项，部分引线样式如图 4-40 所示。

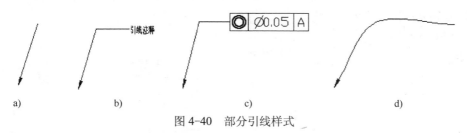

图 4-40 部分引线样式

a) 无说明 b) 有说明引线 c) 带公差的引线标注 d) 引线为样条曲线的标注

操作方式：

命令行：leader

AutoCAD 2018 可进行多重引线标注，该操作可以通过【标注】菜单中的命令，或者通过【多重引线】工具栏来实现，如图 4-41 所示。

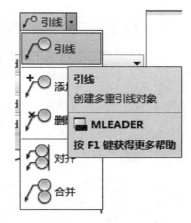

**2. 样式管理器**

多重引线样式可以控制引线的外观。用户可以使用默认多重引线样式 Standard，也可以创建自己的多重引线样式。

操作方式：

- 菜单命令：【样式】/【多重引线样式管理器】
- 命令行：mleaderstyle

选择以上的操作均可以打开【多重引线样式管理器】对话框，如图 4-42 所示。

图 4-41 多重引线工具栏

选项说明：

- 【样式】列表框：用于显示所有的多重引线样式，默认的表格样式为 Standard，当前的样式被加亮。
- 【列出】下拉列表框：用于控制多重引线样式在【样式】列表框中显示的条件。
- 【预览】：用于预览选择的多重引线样式。
- 【置为当前】按钮：将【样式】列表框中的多重引线样式设置为当前样式，所有新多重引线都将使用此多重引线样式创建。
- 【新建】按钮：显示【创建新的多重引线样式】对话框，可以定义新的表格样式。
- 【修改】按钮：显示【修改多重引线样式】对话框，可以修改多重引线样式。
- 【删除】按钮：删除【样式】列表框中选定的多重引线样式。

系统默认样式 Standard 不允许删除和重新命名，如果要使用不同于系统默认样式的文字样式，最好的办法是自己建立一个新的引线样式。

样式选项组：用于新建样式，重命名或者删除已有的样式。单击【新建】按钮，打开【创建新多重引线样式】对话框，如图 4-43 所示，输入新的样式名，然后在【多重引线样式管理器】对话框中将新样式置为当前即可。

**3. 创建多重引线标注**

多重引线对象是一条线或样条曲线，其一端带有箭头，另一端带有多行文字对象或块。

操作方式：

- 菜单命令：【样式】/【多重引线】

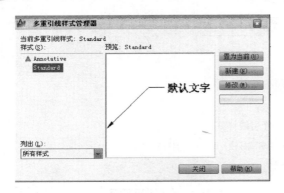

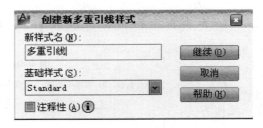

图 4-42 【多重引线样式管理器】对话框 　　　图 4-43 【创建新多重引线样式】对话框

● 工具栏：单击【多重引线】工具栏中的 🔗 按钮
● 命令行：mleader

【例 4-16】 使用【多重引线】命令标注如图 4-44 所示的图形。

执行【标注】/【多重引线】菜单命令，或执行 mleader 命令，AutoCAD 命令提示如下。

命令: _mleader ✓
指定引线箭头的位置或 [引线基线优先(L)/内容
优先(C)/选项(O)] <选项>: (在图形中单击，确定
引线箭头的位置，然后在打开的文字输入窗口
中输入说明的文字)
指定引线基线的位置: ✓

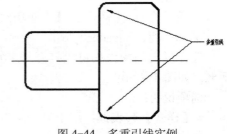

然后在【多重引线】工具栏中单击【添加引
线】按钮 🔗，可以为图形添加多个引线和注释。
结果如图 4-44 所示。

图 4-44 多重引线实例

> 说明：在多重引线工具栏里单击 📐 按钮，可以将多个引线说明进行对齐排列；也可以
> 单击 ∞ 按钮，将多个引线说明进行合并显示。

## 4.3.14 快速标注及其他标注

对于多个要标注相同尺寸的标注形式，可以利用快速标注来完成，快速标注是一种智能
性的标注，它包含了线性标注、直径标注、半径标注、角度标注和连续标注等。使用快速标
注，系统会自动识别用户选择的元素类型，以确定采用何种标注。
操作方式：
● 菜单命令：【标注】/【快速标注】
● 工具栏：单击【注释】/【标注】工具栏中的 🔲 按钮
● 命令行：qdim

【例 4-17】 使用快速标注命令标注如图 4-45 所示的图形。

执行【标注】/【快速标注】菜单命令，或执行 qdim 命令，AutoCAD 命令提示如下。

命令: _qdim ↙

关联标注优先级 = 端点

选择要标注的几何图形: 指定对角点: 找到 5 个 (采用"窗口选择"方式选择要进行快速标注的对象，如图 4-46 所示)

选择要标注的几何图形: ↙

指定尺寸线位置或 [连续(C)/并列(S)/基线(B)/坐标(O)/半径(R)/直径(D)/基准点(P)/编辑(E)/设置(T)] <当前>:

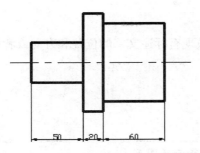

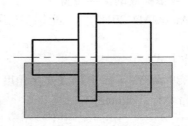

图 4-45　使用【快速标注】命令绘制图形　　　　图 4-46　窗口选择对象

## 4.3.15　尺寸标注的编辑

在 AutoCAD 2018 中，可以对已经标注的对象的文字、位置及样式等内容进行修改，而不必删除所标注的对象再进行重新标注。

### 1．利用标注的关联性进行编辑修改

标注的关联性是指标注尺寸与被标注对象有关联关系，标注可以是关联的、非关联的或分解的。标注时可以利用标注的关联性，当标注了尺寸的图形对象被修改时，尺寸也将跟随自动变化。如果标注与图形没有关联性，则尺寸不发生变化。标注与被标注对象之间的关联性有以下 3 种方式。

- 关联标注：当与其关联的几何对象被修改时，关联标注将自动调整其位置、方向和测量值。布局中的标注可以与模型空间中的对象相关联。
- 非关联标注：非关联标注在其测量的几何对象被修改时不发生改变。
- 已分解的标注：包含单个对象而不是单个标注对象的集合。
- 可以将图形中所有的非关联标注改为关联标注。使用 qselect 命令选择所有非关联标注，然后使用 dimreassociate 命令遍历标注，使每个标注与几何对象上的某个位置相关联。

虽然关联标注支持大多数标注对象类型，但是对图案填充、多线对象、二维实体、非零厚度的对象并不支持。

若希望将非关联标注进行重新关联，可以使用【重新关联】命令。

操作方式：

- 菜单命令：【标注】/【重新关联标注】
- 工具栏：单击【注释】/【标注】工具栏中的 按钮
- 命令行：dimreassociate

### 2．修改尺寸标注系统变量

尺寸标注系统变量的设置方法与其他系统变量设置方法完全一样，下面介绍尺寸标注中文字高度变量的设置。

操作方式：

> 命令：_ dimtxt ✓
> 输入 dimtxt 的新值 <2，5000>: 3.5 ✓

### 3．编辑标注的文字位置

在 AutoCAD 2018 中，创建标注后，可以修改现有标注文字的位置和方向或者替换为新文字。

操作方式：

- 菜单命令：【标注】/【文字角度】
- 命令行：dimtedit

【例 4-18】 使用【文字角度】命令修改如图 4-47 所示的图形。

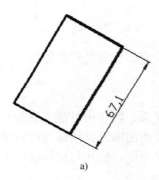
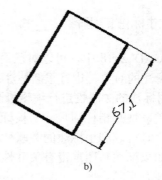

a)　　　　　　　　　　　　　　　　b)

图 4-47　编辑标注的文字位置

a) 原图　b) 文字旋转 30°

执行【标注】/【对齐文字】菜单命令，或执行 dimtedit 命令，AutoCAD 命令提示如下。

> 命令:_dimtedit ✓
> 选择标注：　(选择要修改的尺寸标注)
> 指定标注文字的新位置或 [左(L)/右(R)/中心(C)/默认(H)/角度(A)]: a ✓　（选择【角度】选项）
> 指定标注文字的角度: 30 ✓　（输入文字相对于 X 轴正半轴旋转的角度）

选项说明：

- 左(L)：沿尺寸线左对齐标注文字。
- 右(R)：沿尺寸线右对齐标注文字。
- 中心(C)：将标注文字放在尺寸线的中间。
- 默认(H)：将标注文字移回默认位置。
- 角度(A)：修改标注文字的角度。

### 4. 编辑标注尺寸值

除了可以编辑标注的文本外，还可以编辑标注的尺寸。

操作方式：

● 鼠标左键双击目标文字
● 命令行：dimedit

【例4-19】 完成如图 4-48 所示的图形标注尺寸的编辑。

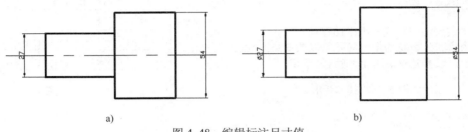

a)            b)

图 4-48 编辑标注尺寸值

a) 原图 b) 修改后的图

直接执行 dimedit 命令，在命令行中选择【新建 N】选项，然后在弹出的【文字编辑器】选项卡中输入新的尺寸，如图 4-49 所示，最后点选要修改的尺寸即可。

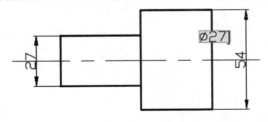

图 4-49 【文字格式】对话框

### 5. 利用对象【特性】选项编辑尺寸标注

【特性】选项：用于列出选定对象或对象集的特性的当前设置。可以修改任何通过指定新值进行修改的特性，当然也可以修改尺寸标注。

## 4.4 习题

（1）利用多行文字编辑器完成如图 4-50 所示的技术要求的书写，其中字体和字号等由读者自行确定。

（2）绘制如图 4-51 所示的明细表表格。

（3）完成如图 4-52 所示图形的绘制及尺寸标注。

（4）完成如图 4-53 所示图形的绘制及尺寸标注。

| 模数 | m | 5 |
|---|---|---|
| 齿数 | z | 20 |
| 压力角 | $\alpha$ | 20° |
| 齿顶高系数 | h | 1 |
| 径向变位系数 | x | 0 |
| 精度等级 | 7-GB/T 10095 | |
| 公法线平均长度公差 | $W_{Em}$ | 30.283 |
| 公法线长度变动公差 | $F_W$ | 0.036 |
| 径向综合公差 | $F_I''$ | 0.090 |
| 一齿径向综合公差 | $f_i''$ | 0.032 |
| 齿向公差 | $F_\beta$ | 0.011 |

技术要求

1. 本减速器额定输出转矩为150Nm，传动比为120。
2. 本减速器的工作环境为-40℃~+40℃。
3. 齿轮和轴承的润滑方式为干油润滑。
4. 热装温度：（100±10）℃。
5. 装配后，进行正反试转各1h，噪声不超过60dB（A）。
6. 本装置的回转误差小于15′。
7. 内齿和外齿轮的齿侧间隙可以改变垫圈12的厚度，锁紧轴承后确定垫圈4的厚度。

图 4-50　技术要求

图 4-51　明细表

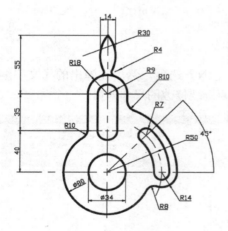

图 4-52　机械图一

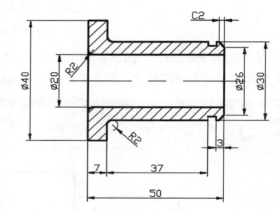

图 4-53　机械图二

# 第5章　机械图样模板的制作与使用

国家机械制图标准对图纸的幅面、格式、标题栏等信息做了详细的规定与说明。为方便绘图，工程设计人员可以事先利用 AutoCAD 建立样式模板文件，文件上通常包括字体、图层、标注样式、标题栏等信息。这样可以在绘图的时候随时调入，不仅提高了绘图效率，而且还保证了图形的一致性。

本章主要介绍机械图样模板的绘制方法。

📖 **重点知识**

- 了解绘图单位的设置方法
- 了解图幅尺寸的设置方法
- 了解字体的设置方法
- 了解图层的设置方法
- 掌握设置尺寸标注样式
- 掌握图框和标题栏的绘制方法
- 掌握打印设置的方法
- 掌握模板的保存和使用的方法
- 掌握如何应用模板文件绘图

## 5.1　设置单位

在用 AutoCAD 绘图的时候，一般要根据物体的实际尺寸来绘制图纸，这时就需要对图形文件进行单位设置。执行【格式】/【单位】命令或在命令行中执行 units 命令，弹出【图形单位】对话框，如图 5-1 所示。在【图形单位】对话框中对长度的单位、角度单位的类型、精度及方向等进行设置。

部分选项说明：

- 【长度】选项组：指定测量的当前单位及当前单位的精度。

- 【类型】下拉列表框：设置测量单位的当前格式。该值包括"建筑""小数""工程""分数""科学"。其中"工程"和"建筑"格式提供英尺和英寸显示并假定每个图形单位表示一

图 5-1　【图形单位】对话框

英寸。其他格式可表示任何真实世界单位。

- 【精度】下拉列表框：设置线性测量值显示的小数位数或分数大小。
- 【角度】选项组：指定当前角度格式和当前角度显示的精度。

## 5.2　设置图幅尺寸

工程人员在绘制图形的时候，首先要设置图纸的大小。国家标准对工程图纸的尺寸做了精确的定义，例如 A0（1189mm×841mm）、A3（420mm×297mm）等。

操作方式：

- 菜单命令：【格式】/【图形界限】
- 命令行：limits

可以执行【格式】/【图纸界限】菜单命令，即执行 limits 命令，AutoCAD 提示如下。

> 命令: _limits ✓
> 重新设置模型空间界限:
> 指定左下角点或 [开(ON)/关(OFF)] <0.0000，0.0000>: (在屏幕上指定一点)
> 指定右上角点 <420.0000，297.0000>: @420，297 ✓
> 命令: _limits ✓
> 重新设置模型空间界限:
> 指定左下角点或 [开(ON)/关(OFF)] <0.0000，0.0000>:on ✓ (打开图纸界限)

## 5.3　设置字体

设置文字样式是进行文字注释和尺寸标注的首要任务，在 AutoCAD 中，设计人员可以根据实际的需要来对字体进行设置，主要包括对字体和字号的设置。对于汉字的字体应采用国家公布推行的简体字，对于其他的符号和数字等应遵循机械制图的要求；不同的图纸类型所采用的字号是不一样的，例如 A0、A1、A2 图纸所采用的字体字高多为 5mm，而 A3、A4 图纸所采用的字体字高多为 2.5mm，也就是默认的高度，当然对于具体的问题，设计人员要灵活掌握，适当调整字体高度，使文字和图形和谐统一，其具体的操作详见第 4 章。

## 5.4　设置图层

为了便于区分和管理，一张复杂的工程图通常需要建立多个图层，并且将特性相同或相似的对象绘制在同一个图层当中。在机械制图中，图形主要包括粗实线、细实线、点画线、虚线、文字和尺寸标注等元素，国家标准对它们所采用的线性和线宽做了相应的规定，而且对于不同图层上的图元应该在颜色上也要加以区分，详见表 5-1，图层的设置方法详见 3.3 节。

表 5-1　图层的设置

| 图　层 | 线　型 | 线　宽 | 颜色（参考） | 用　途 |
|---|---|---|---|---|
| 粗实线 | Continuous | d | 白色/黑色 | 轮廓线 |
| 细实线 | Continuous | d/2 | 浅蓝色 | 螺纹、过渡线等 |
| 点画线 | Center | d/2 | 红色 | 中心线，轴心等 |

（续）

| 图 层 | 线 型 | 线 宽 | 颜色（参考） | 用 途 |
|---|---|---|---|---|
| 虚线 | Hidden | d/2 | 深蓝色 | 不可见的轮廓线 |
| 文字 | Continuous | d/2 | 白色/黑色 | 注释、标题栏等 |
| 尺寸标注 | Continuous | d/2 | 绿色 | 标注 |
| 剖面线 | Continuous | d/2 | 紫色 | 剖面线 |

# 5.5 设置尺寸标注样式

在绘制工程图中创建常用的尺寸标注样式，在标注的时候可避免尺寸变量的反复设置，从而提高绘图效率，而且在修改的时候也很方便。

## 5.5.1 "圆和圆弧"标注样式的建立

### 操作步骤

**步骤 1** 建立"圆和圆弧"标注样式。

执行【格式】/【标注样式】菜单命令，打开【标注样式】对话框，单击 新建(N)... 按钮，弹出【创建新标注样式】对话框，在【新样式名】文本框中输入"圆和圆弧"，然后单击 继续 按钮，返回到【创建新标注样式】对话框，在这里对"圆和圆弧"标注样式进行修改。

**步骤 2** 修改"圆和圆弧"标注样式。

选择【符号和箭头】选项卡对符号和箭头的相关参数进行设置，这里只修改【箭头大小】文本框中的值，把它改为"3"，其他选项的修改类似，用户也可以根据需要自行修改；选择【文字】选项卡，对文字的相关参数进行设置，要特别注意【文字对齐】选项，在这里单击选择⊙水平单选按钮；选择【换算单位】选项卡，并选中☑显示换算单位(D)复选框，在【前缀】文本框中输入"%%c"，然后再取消选中【显示换算单位】复选框，如图 5-2 所示。

**步骤 3** 对于【调整】【公差】【换算单位】等选项读者可根据需要自行调整。标注效果如图 5-3 所示。

图 5-2 【图形单位】对话框

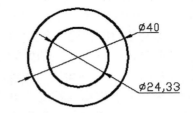

图 5-3 "圆和圆弧"标注样式实例

## 5.5.2 "直线标注"样式的建立

### 操作步骤

**步骤 1** 建立"直线"标注样式。

执行【格式】/【标注样式】菜单命令，打开【标注样式】对话框，单击 [新建(N)...] 按钮，弹出【创建新标注样式】对话框，在【新样式名】文本框中输入"直线"，这里要注意【创建基础样式】下拉列表，默认是上一个标注样式，在这里选择【ISO-25】选项，然后单击 [继续] 按钮，返回到【创建新标注样式】对话框，在这里对"直线"标注样式进行修改。

[步骤 2] 修改"直线"标注样式。

工程人员绘制的图纸和实物经常存在一定的比例，例如图纸比例是1:4，这时如果直接标注的话，就会与实物尺寸存在差异，在这里就要对【创建新标注样式】对话框中的【主单位】选项卡中的【比例因子】文本框做适当的调整，选择【主单位】选项卡，在【比例因子】文本框中输入相应的值 $x$（小数），例如图纸是 1:4 绘制的，那么相应的 $x$ 值为 0.25。【修改标注样式】对话框中的其他选项，读者可以根据实际情况参考 4.3.2 小节自行调整。

# 5.6 绘制图框与标题栏

在机械制图中，常用的图幅有 A0、A1、A2、A3、A4 号，每个图幅还有横式和立式之分，对于具体的图纸还有留装订边和不留装订边之分，下面将详细介绍一下图框的绘制。

## 5.6.1 绘图图框的建立

标准图框的尺寸及对应的幅面的具体内容见表 5-2 所示。

表 5-2　图纸幅面的尺寸（单位：mm）

| 幅 面 代 号 | A0 | A1 | A2 | A3 | A4 |
|---|---|---|---|---|---|
| B×L | 841×1189 | 594×841 | 420×594 | 297×420 | 210×297 |
| a | 25 | | | | |
| d | 20 | | 10 | | |
| c | 10 | | | 5 | |

表 5-2 中各项参数的含义如下。
- B、L：图纸的宽度和长度。
- a：装订一边留的宽度。
- d：无装订边时的各边空余宽度。
- c：有装订边时的其他 3 条边的空余宽度。

在绘制图框时，内框应采用粗实线，外框采用细实线绘制。有的时候为了方便绘图，可以在图纸的各边中点用粗实线绘制出对中符号，对中符号线多采用从外框深入到内框 5mm，或者到标题栏或明细栏边框为止，如图 5-4、图 5-5 所示。

## 5.6.2 标题栏的设计

为了反映图形的基本信息，每一张图纸都应该配置标题栏，国家标准对标题栏的内容、样式、尺寸等信息做了详细的规定，具体如图 5-6 所示。

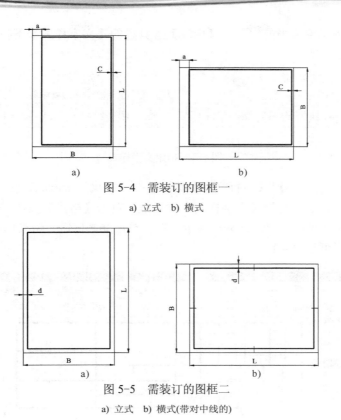

图 5-4  需装订的图框一

a) 立式  b) 横式

图 5-5  需装订的图框二

a) 立式  b) 横式(带对中线的)

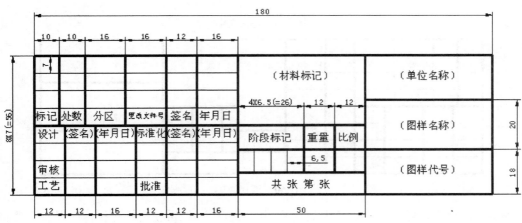

图 5-6  标题栏样式

### 操作步骤

**步骤 1**  绘制标题栏线框。打开标注图形样板 tuxingyangban.dwt。在图形区域采用【直线】命令（line）、【偏移】命令（offset）和【复制】命令（copy）绘制如图 5-6 所示的标题栏线框，标题栏线框分别采用表 5-1 的线型。

**步骤 2**  标注文字。标题栏的标注文字主要有两种，一种是固定的文字（不是位于圆括号中的文字部分），另一种是可变的文字，而对于位于圆括号中的文字内容，则会随图形而发生变化。现以"批准"为例加以说明。

将"文字"图层置为当前层,在【标注】工具栏的【文字样式】下拉列表框中选择"机械"样式,如图 5-7 所示。

图 5-7　指定文字样式

执行【绘图】/【文字】/【单行文字】菜单命令,即执行 dtext 命令,在标题栏中选择框格的左上角和右下角点,打开【文字样式】对话框,单击【格式】按钮，选择"正中"样式,输入单位名称"批准",如图 5-8 所示,然后单击 确定 按钮,结果如图 5-9 所示。标题栏的其他文字填写可参考 4.1 节。

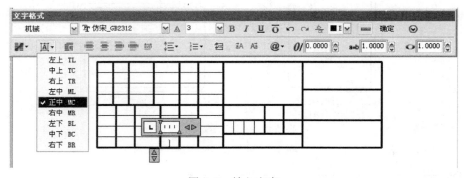

图 5-8　输入文字

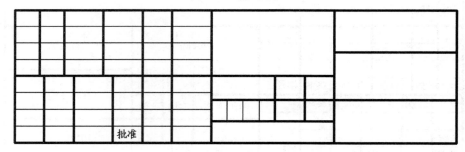

图 5-9　填写效果

**步骤 3** 定义标题栏块。设计人员在绘图的过程中,经常使用标题栏,所以有必要将标题栏制作成块以方便每次的使用。在制作标题栏的时候要注意将标题栏中可变的部分,如单位名称、图样名称等文字定义成属性,然后连同其他部分做成块以提高绘图效率。对于固定的部分可以采用步骤 2 中的填写方法进行填写,这里主要讲的是需要定义为属性部分的文字的创建,见表 5-3。

表 5-3　标题栏属性(部分)

| 属性标记 | 属性提示 | 默认值 |
| --- | --- | --- |
| 材料标记 | 请输入材料标记 | 无 |
| 单位名称 | 请输入单位名称 | 无 |

（续）

| 属性标记 | 属性提示 | 默认值 |
|---|---|---|
| 图样名称 | 请输入图样名称 | 无 |
| 图样代号 | 请输入图样代号 | 无 |
| 重量 | 请输入重量 | 无 |
| 比例 | 请输入比例 | 无 |

**步骤 4** 属性定义。下面以设置"单位名称"为例说明属性的创建过程。执行【绘图】/【块】/【定义属性】菜单命令，即执行 attdef 命令，打开【属性定义】对话框，进行如图 5-10 所示的设置。然后在屏幕的标题栏中选择合适的属性填入，反复执行相同的命令完成其他属性的定义。最后定义属性的标题栏，如图 5-11 所示。

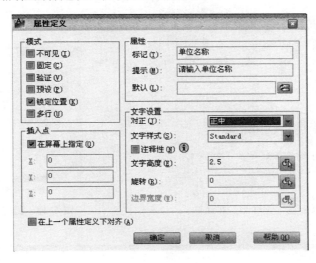

图 5-10 【属性定义】对话框

| | | | | | | (材料标记) | | | (单位名称) |
|---|---|---|---|---|---|---|---|---|---|
| | | | | | | | | | |
| 标记 | 处数 | 分区 | 更改文件号 | 签名 | 年月日 | | | | (图样名称) |
| 设计 | (签名) | (年月日) | 标准化 | (签名) | (年月日) | 阶段标记 | 重量 | 比例 | |
| 审核 | | | | | | | | | (图样代号) |
| 工艺 | | | 批准 | | | 共 张 第 张 | | | |

图 5-11 定义属性的标题栏

**步骤 5** 建立块。执行【绘图】/【块】/【创建】菜单命令，即执行 block 命令，打开【块定义】对话框，将整个图框设置成名称为"标题栏"的块。

# 5.7 打印设置

打印设置包括打印设备设置、打印页面设置和打印样式表设置。

操作方式:
- 菜单命令:【文件】/【页面设置管理器】
- 命令行: pagesetup

可以执行【文件】/【页面设置管理器】菜单命令,即执行 pagesetup 命令,打开【页面设置管理器】对话框,如图 5-12 所示。

单击 新建(N)... 按钮,打开【新建页面设置】对话框,按如图 5-13 所示进行设置,单击 确定(O) 按钮,打开【页面设置】对话框,如图 5-14 所示,在对话框中完成相应的设置。

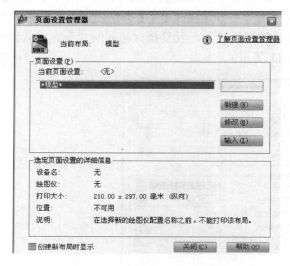

图 5-12 【页面设置管理器】对话框

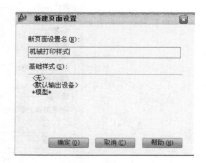

图 5-13 【新建页面设置】对话框

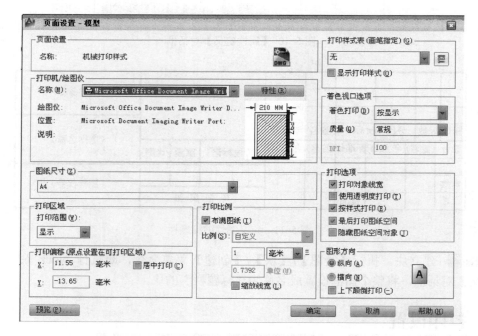

图 5-14 【页面设置】对话框

## 5.8 模板的保存与使用

在制作完模板以后，需要将制作的模板进行保存。

### 5.8.1 模板的保存

操作方式：

- 菜单命令：【文件】/【另存为】
- 命令行：saveas

执行【文件】/【另存为】菜单命令，打开【图形另存为】对话框。在该对话框中进行相应的设置，如图 5-15 所示。

图 5-15 【图形另存为】对话框

单击【图形另存为】对话框中的【文件类型】下拉列表框，将文件保存类型选择为"AutoCAD 图形样板 （*.dwt）"选项，如图 5-16 所示，并在【文件名】文本框中输入相应的名称，然后单击 保存(S) 按钮，打开【样板选项】对话框，在该对话框中输入相应的说明，如图 5-17 所示。设置完成后单击 确定 按钮，完成保存设置。

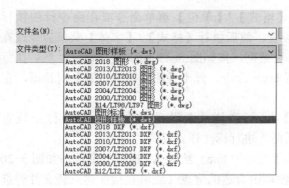

图 5-16 【文件类型】下拉列表框

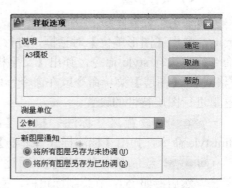

图 5-17 【样板选项】对话框

### 5.8.2 模板的使用

设计人员在绘制图纸的时候，可以调用一个已经设置好了的模板，这样可以提高绘图的效率。

操作方式：

- 菜单命令：【文件】/【新建】
- 命令行：new

执行【文件】/【新建】命令，打开【选择样板】对话框，选择相应的样板，如图 5-18 所示。

> 说明：在 AutoCAD 2018 系统中，配置了许多带有标题栏的样板文件，读者可以在用的时候直接调用，而省去了自己创建的麻烦。

图 5-18 【选择样板】对话框

## 5.9 综合实例——创建 A3 大小图样模板

**操作步骤**

**步骤 1** 设置单位、字体和图层。执行【格式】/【单位】菜单命令或在命令行中执行 units，弹出【图形单位】对话框，进行单位设置，然后执行【格式】/【字体】菜单命令或在命令行中执行 style 命令，弹出【文字样式】对话框，按如图 5-19 所示进行设置，然后执行【格式】/【图层】菜单命令或在命令行中执行 layer 命令，弹出【图层特性设置】对话框，在这里进行图层特性的设置。

**步骤 2** 设置尺寸标注。执行【格式】/【标注样式】菜单命令或在命令行中执行 dimstyle 命令，弹出【标注样式管理器】对话框，进行标注样式设置。

**步骤 3** 绘制图框和标题栏。通过【直线】命令（line）绘制 A3 横版的图框，如图 5-20 所示。然后参照 5.6 节绘制标题栏，插入到图框中合适的位置（或者直接在建立新文件时选择 Gb_a3-Named Plot Styles 模板，如图 5-21 所示）。

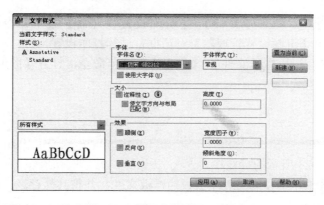

图 5-19　【文字样式】对话框

图 5-20　绘制图框

图 5-21　选择合适的模板

通过这种方法建立的文件样式是符合我国国家标准 A3 样式的，而且它直接带标题栏，如图 5-22 所示。

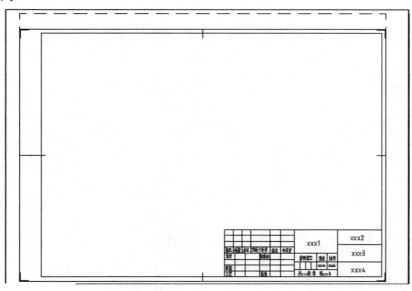

图 5-22　打开模板

步骤 4 打印设置。执行【文件】/【页面设置管理器】菜单命令或在命令行中执行 pagesetup 命令,弹出【页面设置管理器】对话框,进行打印设置。

步骤 5 模板保存。执行【文件】/【另存为】菜单命令,打开【图形另存为】对话框,将建立的模板进行保存。

# 5.10 习题

(1)绘制如图 5-23 所示的标题栏。

(2)根据表 5-1 和表 5-2 建立 A4 竖版的样板文件,并将其保存。

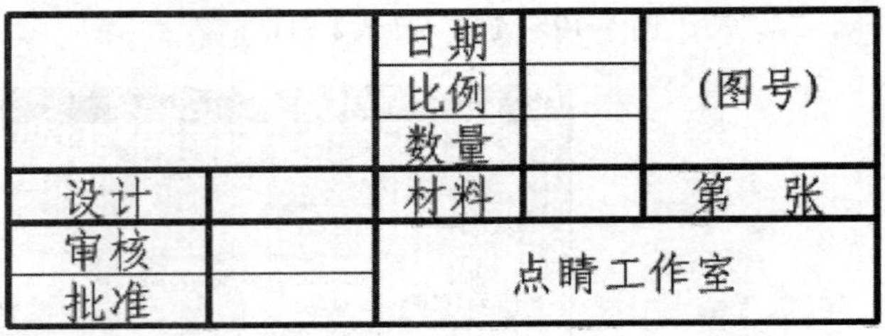

|  |  | 日 期 |  | （图号） |
|  |  | 比 例 |  |  |
|  |  | 数 量 |  |  |
| 设 计 |  | 材料 |  | 第 张 |
| 审 核 |  | 点晴工作室 |  |  |
| 批 准 |  |  |  |  |

图 5-23 标题栏

# 第 6 章  零件图的绘制

零件是机器的基本组成单元，零件图是指导加工和检验零件的基本依据，本章详细地介绍了绘制机械零件图的一般过程、绘制的方法、步骤、技术标注，有利于读者掌握绘制零件图的整个步骤，提高绘图的效率。

📖 **重点知识**
- 了解零件图绘制的一般过程
- 掌握零件图绘制的几种方法
- 掌握零件图中的技术标注

## 6.1 零件图绘制的一般过程

机器是由零件组成的，零件是机器制造的单元。零件分为标准件、常用件和一般零件等。根据一般零件的形状结构可又分为轴类零件、盘类零件、叉架类零件和箱体类零件。表达零件的图样称为零件工作图，简称零件图。它是制造和检验零件的基本技术文件，它要表示出机器（或部件）对零件的要求，同时也要考虑到零件的结构和制造的可能性和合理性。

### 6.1.1 零件图的内容

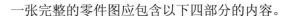

一张完整的零件图应包含以下四部分的内容。

#### 1. 视图

采用一组视图，例如主视图、剖视图、断面图和局部放大视图等，用以正确、完整、清晰、合理地表达零件。

#### 2. 完整的尺寸

零件图中包括所有正确、完整、清晰、合理地表达零件各部分特征和各部分之间的相对位置所需的全部尺寸。

#### 3. 技术要求

用一些规定的符号、数字、字母和文字，标注和说明零件在制造、检验、使用中应达到的一些要求。如表面粗糙度、尺寸公差、形位公差、热处理要求等。

#### 4. 标题栏

它表明零件的名称、材料、数量、比例、图样的编号以及制图、审核人的姓名和日期等内容。

### 6.1.2　绘制零件图的一般过程

设计人员在绘制零件图的过程中，必须遵守机械制图国家标准的规定。下面介绍 AutoCAD 绘制零件图的一般过程及需要注意的一些常见问题。

**操作步骤**

**步骤 1**　选择零件图的样本文件模板。

在绘制零件图之前，设计人员可以根据所要绘制图纸的图幅大小和格式选择合适的样本文件模板，主要有两种方法，一是事先建立各种符合国家机械制图标准的通用模板，二是可以利用 AutoCAD 2018 系统提供的样本文件模板。

**步骤 2**　绘制图形。

零件图千变万化，如果要想正确绘制零件图，首先要分析视图，了解组成零件各部分结构的形状、特点以及它们之间的相对位置，看懂零件各部分的结构形状，从而确定零件视图的选择，当确定好零件的显示视图后，就要定出基准，这是绘图的参照，常用的绘图基准有中心线、端面线和构造线等。

确定了绘图的基准以后，就进入到了轮廓的绘制阶段，设计人员要利用 AutoCAD 提供的基本绘图、编辑修改和精确绘图工具命令来进行各个零件视图的绘制。

**步骤 3**　零件图的标注。

完成了各个视图的绘制之后，就需要对绘制好的各个视图进行标注，首先进行长度型尺寸标注、圆弧型尺寸标注、角度型尺寸标注基本简单的标注形式，然后再进行尺寸公差、形位公差和表面粗糙度标注等，尺寸标注的方式应该尽可能完整地表达零件的信息。

**步骤 4**　完善图形的信息。

最后根据需要将表面粗糙度符号、剖切基准符号、铸造和焊接符号等，可以通过建立外部块、动态块、外部参照、设计中心、工具选项板等创建专用的符号和图形库，来完成图形的绘制，最后填写标题栏，检查、校核、修改、完成零件图并保存图形。

**步骤 5**　打印输出。

# 6.2　零件图的绘制方法

如前所述，零件图中包含的一组表达零件形状的视图，绘制零件图中的视图是绘制零件图的重要内容。对此的要求是：视图应布局匀称、美观，且符合"主、俯视图长对正，主左视图高平齐，俯、左视图宽相等"的投影规律。

用 AutoCAD 绘制零件图并无确定的方法，本书仅介绍坐标定位法、绘图辅助线法和对象捕捉跟踪法。

#### 1．坐标定位法

即通过给定视图中各点的准确坐标值来绘制零件图的方法。在绘制一些大而复杂的零件图时，为了图面布局及投影关系的需要，经常用这种方法绘制出基准线，确定各个视图的位置，然后再综合运用其他方法绘制完成图形。

该方法的优点是绘图比较准确，缺点是由于该方法需要计算各点的精确坐标，因此相对来说还是比较麻烦的。但是在实际绘制的过程中，设计可以利用用户坐标配合相对坐标法来绘制图形，从而减少计算量。

**2．绘图辅助线法**

绘图辅助线法就是利用 AutoCAD 2018 中的绘制构造线命令（xline）等辅助命令绘制出一系列的水平、垂直和与水平成某角度的辅助线，以便保证视图之间的投影关系，并结合图形绘制、编辑修改和精确绘图工具来完成零件图的绘制。在使用辅助线法的过程中，经常需要建立一个辅助线图层，将所有的辅助线图形添加到这个图层中，当完成零件图的绘制后，可以将该图层冻结或关闭，也可以选中该图层的所有对象并删除，这样不会影响到设计人员所绘制的零件图，提高了制图效率。

**3．对象捕捉跟踪法**

对象捕捉跟踪法是利用 AutoCAD 中提供的辅助绘图工具中的对象捕捉、自动捕捉、自动追踪、正交等工具来保证视图之间的投影关系，并结合常用的绘图工具来完成零件图的绘制。

## 6.3　零件图中的技术标注

零件中的技术要求一般包括表面粗糙度、尺寸公差与配合的概念、形状与位置公差，对零件的材料、热处理和表面修饰的说明以及关于特殊加工表面修饰的说明等内容。国标（GB）中对前三项所有的代号和含义做了详细的规定，下面将分别进行叙述，其余各项则可在零件图中适当的位置通过文字命令（text 或 mtext）注明，这里就不再叙述。

### 6.3.1　表面粗糙度符号

经过加工后的机器零件，其表面状态是比较复杂的。若将其截面放大来看，零件的表面总是凹凸不平的，是由一些微小间距和微小峰谷组成的，我们将这种零件加工表面上具有的微小间距和微小峰谷组成的微观几何形状特征称为表面粗糙度。这是由切削过程中刀具和零件表面的摩擦、切屑分裂时工件表面金属的塑性变形以及加工系统的高频振动或锻压、冲压、铸造等系统本身的粗糙度影响造成的。零件表面粗糙度对零件的使用性能和使用寿命影响很大。因此，在保证零件的尺寸、形状和位置精度的同时，不能忽视表面粗糙度的影响，特别是转速高、密封性能要求好的部件要格外重视。

零件的每一个表面都应该有粗糙度要求，并且应在图样上用代（符）号标注出来。表面粗糙度的基本符号如图 6-1 所示。

当文字的高度为 $h$ 时，表面粗糙度基本符号中 $H_1$、$H_2$ 的具体尺寸可设置为 $H_2=2H_1=2.8h$。

我国国标（GB）中规定了 9 种表面粗糙度符号，如表 6-1 所示。

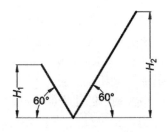

图 6-1　表面粗糙度的基本符号

表 6-1　粗糙度符号

| 符　　号 | 意义及说明 |
| :---: | :--- |
| $\checkmark$ | 基本符号，表示指定表面可用任何工艺获得 |

（续）

| 符　　号 | 意义及说明 |
|---|---|
| | 去除材料的扩展符号 |
| | 不去除材料的扩展符号 |
| | 完整符号 |
| | 工件轮廓各表面的图形符号，当在图样某个视图上构成封闭轮廓的各表面有相同的表面结构要求时，应在完整图形符号上加一圆圈，标注在图样中工件的封闭轮廓线上 |

由于 AutoCAD 中没有直接提供表面粗糙度符号标注功能，因此设计人员可以在绘图之前先创建粗糙度的符号块，然后再使用。

**【例 6-1】** 通过 INSERT 命令添加粗糙度符号

🔨 操作步骤

**步骤 1** 首先，以配套云盘资料中的文件"Gb-a4-h.dwt"为样本建立新图形，并将"细实线"图层设置为当前图层。

**步骤 2** 绘制表面粗糙度符号。

执行 line 命令，AutoCAD 提示：

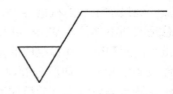

```
命令: _line↙
LINE 指定第一点：  （在屏幕上随意指定一点）
指定下一点或 [放弃(U)]: @4.9<180 ↙
指定下一点或 [放弃(U)]: @4.9<-60 ↙
指定下一点或 [闭合(C)/放弃(U)]: @9.8<60 ↙
指定下一点或 [闭合(C)/放弃(U)]: ↙
```

图 6-2　粗糙度符号

执行结果如图 6-2 所示。

**步骤 3** 定义表面粗糙度符号的属性。

执行 attdef 命令，弹出【属性定义】对话框，单击 📌 拾取点(K) 按钮，返回到绘图窗口，将属性值放置到粗糙度符号相应位置。然后单击 确定 按钮完成设置。

**步骤 4** 创建表面粗糙度符号图块。

由于粗糙度符号可能在多个零件图中都能用到，所以设计人员要通过写块 wblock 命令创建。执行 wblock 命令，弹出【写块】对话框，如图 6-3 所示，进行设置。

**步骤 5** 使用创建的表面粗糙度图块，在零件标注中使用。

打开配套云盘资料中的文件"第 6 章\图 6-4"，如图 6-4 所示。图中已经定义了新的粗糙度符号，下面用 insert 命令插入块，结果如图 6-5 所示。

**步骤 6** 标注表面的粗糙度。

执行 insert 命令，打开【插入】对话框，单击 浏览(B).... 按钮，弹出【选择文件】对话框，选择"图 6-4"，并按 确定 按钮打开，返回【插入】对话框，且保持"比例""旋转"选项默认的设置，单击 <kbd>确定</kbd> 按钮，在图形中选择图形表面适当的位置，命令行中出现以下提示。

图 6-3　【写块】对话框

指定插入点或 [基点(B)/比例(S)/X/Y/Z/旋转(R)]:（选择适当的点）

　　输入属性值
　　请输入粗糙度的值 <1.6>: ↙

完成表面粗糙度的标注，如图 6-5 所示。

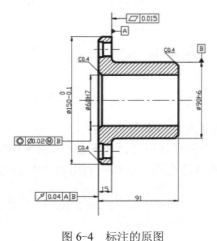

图 6-4　标注的原图

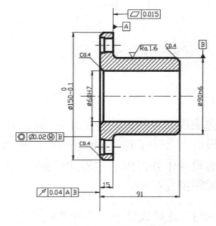

图 6-5　标注后的图

步骤 7　标注孔的粗糙度。

执行 insert 命令，打开【插入】对话框，单击 <kbd>浏览(B)</kbd> 按钮，弹出【选择文件】对话框，选择"图 6-4"，并按 <kbd>确定</kbd> 按钮打开，返回【插入】对话框，并保持"比例""旋转"选项默认的设置，单击 <kbd>确定</kbd> 按钮，在图形中选择图形表面适当的位置，命令行中出现以下提示。

指定插入点或 [基点(B)/比例(S)/X/Y/Z/旋转(R)]:（选择适当的点）
输入属性值
请输入粗糙度的值 <1.6>:0.8 ✓

完成表面粗糙度的标注，如图 6-6 所示。

**步骤 3** 标注侧的粗糙度。

执行 insert 命令，打开【插入】对话框，单击 浏览(B)... 按钮，弹出【选择文件】对话框，选择"图 6-4"，并按 确定 按钮打开，返回【插入】对话框，并保持"比例""旋转"选项默认的设置，单击 确定 按钮，在图形中选择图形表面适当的位置，命令行中出现以下提示。

指定插入点或 [基点(B)/比例(S)/X/Y/Z/旋转(R)]:（选择适当的点）
输入属性值
请输入粗糙度的值 <1.6>:3.2 ✓

完成表面粗糙度的标注，如图 6-7 所示。

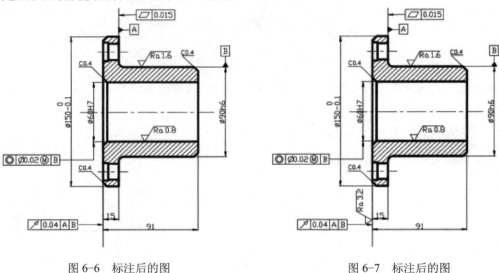

图 6-6　标注后的图　　　　　　　　图 6-7　标注后的图

完成以后在图框的右上角处通过 text 命令将其他面的表面粗糙度进行文字描述。

设计人员除了使用 insert 命令向图形中添加粗糙度符号块以外，还可以利用 3.5.1 中我们学习的设计中心向图形中添加粗糙度块符号。下面就具体介绍一下如何利用设计中心向图形中添加粗糙度符号。

【例 6-2】　通过设计中心添加粗糙度符号

🔑 操作步骤

**步骤 1** 打开配套资料云盘中的文件"第 6 章\图 6-4.dwg"文件，并将"标注"图层设置为当前图层。

**步骤 2** 打开设计中心。

执行【工具】/【选项板】/【设计中心】菜单命令，或者直接执行 adcenter 命令，打开【设计中心】对话框，在窗口注册的文件列表中找到"新粗糙度文件"，并用鼠标右键单击，然后在右侧窗口中双击"块"选项图标，结果如图 6-8 所示。

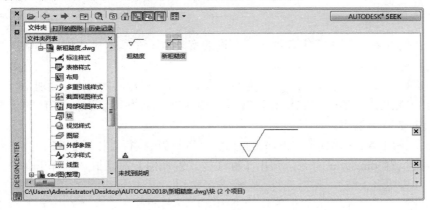

图 6-8　在设计中心中显示块

**步骤 3**　向当前图形中添加块。

在图 6-8 所示的新粗糙度块图标处，单击鼠标右键，弹出快捷菜单，结果如图 6-9 所示。

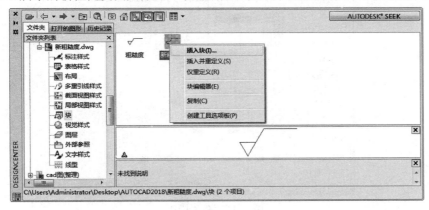

图 6-9　显示快捷菜单

在快捷菜单中选择【插入】选项，打开【插入】对话框，如图 6-10 所示，在该对话框中进行相应的设置，然后单击 确定 按钮，完成粗糙度块的插入。

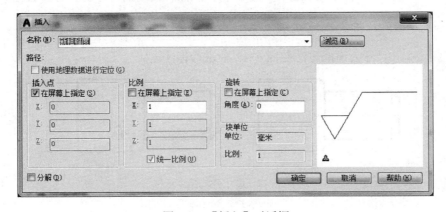

图 6-10　【插入】对话框

## 6.3.2  尺寸公差

尺寸公差是指在切削加工中零件尺寸允许的变动量。在基本尺寸相同的情况下，尺寸公差越小，则尺寸精度越高。

GB/T 1800.1—2009 将确定尺寸精度的标准公差登记分为 20 级，分别用 IT01、IT0、IT1……IT18。精度从 IT01～IT18 依次降低。即在同一基本尺寸下，IT01 的公差数值为最小，IT18 公差数值为最大。

设计人员在用 AutoCAD 绘制图纸的时候，可以通过执行【格式】/【标注样式】菜单命令，或者直接执行 dimstyle 命令，弹出【标注样式管理器】对话框，选择里面的按钮新建一个标注样式（参见 4.3 节），然后选择 继续 选项按钮，再选择 公差 选项按钮，在图 6-11 中对【公差格式】选项组的【方式】下拉列表中选择公差的格式，在【精度】下拉列表中选择相应的精度，在【上/下偏差】文本框中进行偏差的设置。

图 6-11  公差标注

在实际尺寸标注中，由于每个尺寸的公差不一致，如果采用在【标注样式管理器】对话框中进行设置的公差尺寸，则所有尺寸标注数字将被加上相同的偏差数值，所以推荐采用在【标注样式管理器】对话框中设置公差。本节将介绍几种常用的尺寸公差标注方法。

【例6-3】  直接输入尺寸公差

采用直接输入尺寸公差的方法在图 6-12 中进行标注。

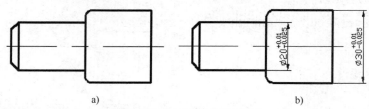

a)                          b)

图 6-12  尺寸公差标注示例

a) 标注前    b) 标注后

◈ 操作步骤

**步骤 1** 执行【标注】/【线性】菜单命令，或者直接执行 dimlinear 命令，AutoCAD 提示：

命令: _dimlinear ✓
指定第一条尺寸界线原点或 <选择对象>: （选择要标注的尺寸"Φ30"的第一点）
指定第二条尺寸界线原点: （选择要标注的尺寸"Φ30"的第二点）
指定尺寸线位置或
[多行文字(M)/文字(T)/角度(A)/水平(H)/垂直(V)/旋转(R)]: t （输入标注文字）
输入标注文字 <30>: %%c30{\H0.7x;\S+0.01^-0.025;}

> **说明**：在输入的 "%%c30{\H0.7x;\S+0.01^-0.025;}" 中，其中的 "H0.7x（x 为小写的）" 表示尺寸公差字高比系数是 0.7，"S+0.01^-0.025" 表示尺寸公差是堆叠形式显示的。

**步骤 2** 执行【标注】/【线性】菜单命令，或者直接执行 dimlinear 命令，AutoCAD 提示：

命令: _dimlinear ✓
指定第一条尺寸界线原点或 <选择对象>: （选择要标注的尺寸"Φ20"的第一点）
指定第二条尺寸界线原点: （选择要标注的尺寸"Φ20"的第二点）
指定尺寸线位置或
[多行文字(M)/文字(T)/角度(A)/水平(H)/垂直(V)/旋转(R)]: m （打开"文字样式"对话框，输入 "%%c+0.01^-0.025"，然后选取标"+0.01^-0.025"部分，如图 6-13 所示，单击堆叠 按钮，单击 确定 按钮，完成标注）
指定尺寸线位置或
[多行文字(M)/文字(T)/角度(A)/水平(H)/垂直(V)/旋转(R)]: （指定尺寸标注的放置点）

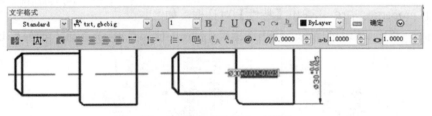

图 6-13 "文字格式"对话框

---

【例 6-4】 使用替代命令 dimoverride 标注尺寸公差

使用替代命令 dimoverride 完成图 6-12 中尺寸公差的标注。

首先给图 6-12a 加两个线性标注"Φ30"和"Φ20"，执行【标注】/【替代】菜单命令，或者直接输入 dimoverride 命令，AutoCAD 提示如下。

命令: _dimoverride ✓
输入要替代的标注变量名或 [清除替代(C)]: dimtol✓ （更改控制偏差的系统变量 DIMTOL 的值）
输入标注变量的新值 <关>: 1（打开偏差输入，若无偏差，系统变量设置为 0）
输入要替代的标注变量名: _dimtdec （偏差精度设置）
输入标注变量的新值 <2>: 3 （精确到小数点后第 3 位）
输入要替代的标注变量名: _dimtfac （设置偏差文字高度比例系数）
输入标注变量的新值 <1.0000>: 0.7 （将偏差文字设置为基本尺寸文字高度的 0.7 倍）

输入要替代的标注变量名: _dimtp　　（更改上偏差）

输入标注变量的新值 <0.0000>: 0.01　　（输入上偏差的值为"0.01"）

输入要替代的标注变量名: _dimtm　　（更改下偏差）

输入标注变量的新值 <0.0000>: 0.025　（输入下偏差的值为"0.025"，需要强调的是下偏差默认是负的，如果要使下偏差为正，则需要在输入文字前加负）

输入要替代的标注变量名:

选择对象: 找到 1 个

选择对象: ✓

---

**【例 6-5】　使用对象特性工具栏标注尺寸公差**

---

采用对象特性工具栏完成图 6-12 中尺寸公差的标注。

**⊙ 操作步骤**

**步骤 1**　首先执行【标注】/【线性】菜单命令，或者直接执行 dimlinear 命令，AutoCAD 提示：

命令: _dimlinear ✓

指定第一条尺寸界线原点或 <选择对象>:　（选择要标注的尺寸"Φ30"的第一点）

指定第二条尺寸界线原点:　（选择要标注的尺寸"Φ30"的第二点）

指定尺寸线位置或

[多行文字(M)/文字(T)/角度(A)/水平(H)/垂直(V)/旋转(R)]: ✓

标注文字 = 30

结果如图 6-14 所示。

**步骤 2**　然后执行【修改】/【特性】菜单命令，或者直接执行 properties 命令，弹出【特性】对话框，如

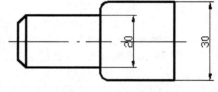

图 6-14　标注部分结果

图 6-15a 所示，单击要修改的对象，这里选择尺寸标注中值为"30"的标注，如图 6-15b 所示。

a)

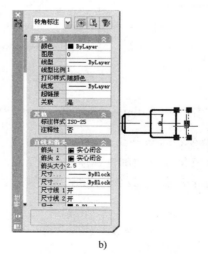

b)

图 6-15　【特性】对话框

**步骤 3**　选择【特性】对话框中的【主单位】选项组中的【标注前缀】文本框，将值设为"%%c"，如图 6-16a 所示，然后选择【特性】对话框中的【公差】选项组中的【公差下

偏差】文本框、【公差上偏差】文本框和【公差精度】文本框，将值分别设为 0.025、0.01 和 0.000，如图 6-16b 所示，然后在绘图窗口的空白处单击鼠标左键，最后单击【特性】对话框中左上角的关闭 按钮，完成一个尺寸公差标注。

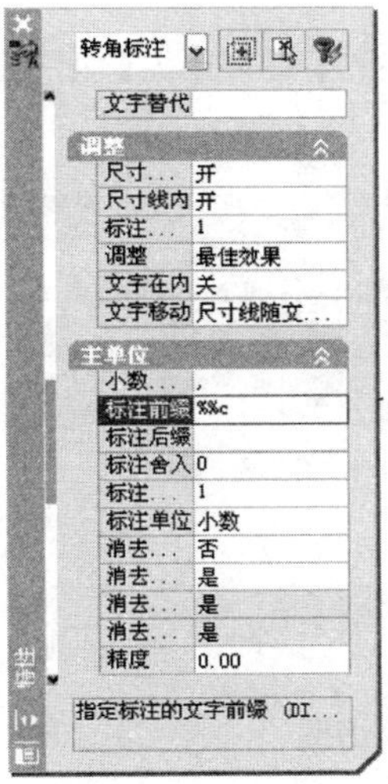


a)

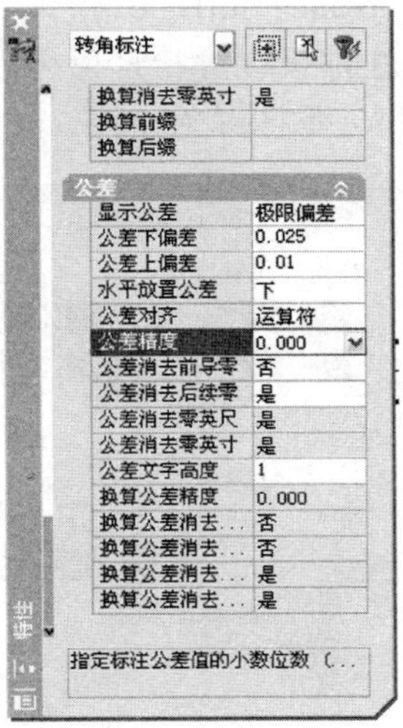


b)

图 6-16 利用【特性】对话框修改

## 6.3.3 形位公差

在实际加工中，对机械零件的某些表面的形状和有关部位的相对位置（如圆、直线、对称等），不可能生成一个绝对准确的形状及相对位置。因此，加工的零件的实际形状和实际位置对理想形状和理想位置的允许变动量，就是零部件的形状和位置公差。形位公差是形状和位置公差的简称。

对一般零件来说，它的形状和位置公差，可由尺寸公差、加工机床的精度等加以保证。而对精度较高的零件，则根据设计要求，须在零件图上标注出有关的形状和位置公差，见表 6-2。

表 6-2 形状和位置公差

| 公差 | | 特征项目 | 符号 | 有/无基准要求 | 公差 | | 特征项目 | 符号 | 有/无基准要求 |
|---|---|---|---|---|---|---|---|---|---|
| 形状 | 形状 | 直线度 | — | 无 | 位置 | 定向 | 平行度 | ∥ | 有 |
| | | 平面度 | ▱ | 无 | | | 垂直度 | ⊥ | 有 |
| | | 圆度 | ○ | 无 | | | 倾斜度 | ∠ | 有 |
| | | 圆柱度 | ⌭ | 无 | | 定位 | 位置度 | ⌖ | 有或无 |
| 形状或位置 | 轮廓 | 线轮廓度 | ⌒ | 有或无 | | | 同轴（同心）度 | ◎ | 有 |
| | | | | | | | 对称度 | ⌯ | 有 |
| | | 面轮廓度 | ⌓ | 有或无 | | 跳动 | 圆跳动 | ↗ | 有 |
| | | | | | | | 全跳动 | ⌰ | 有 |

操作方式：

○ 菜单命令：【标注】/【公差】

○ 工具栏：单击【标注】工具栏中的 ⊞ 按钮

○ 命令行：tolerance (tol)

以上 3 种方法都可以进行形位公差的标注，执行【标注】/【公差】菜单命令，弹出【形位公差】对话框，如图 6-17 所示。

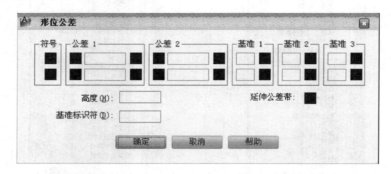

图 6-17 【形位公差】对话框

选项说明：

○ 【符号】区：单击【形位公差】对话框【符号】选项对应的黑色方框，弹出【特征符号】选项板，可以在这里选择相应的形位公差符号，如图 6-18 所示。

○ 【公差 1】/【公差 2】：该选项可以设置公差样式，每个选项下面对应有 3 个方框，第一个黑色方框是设定是否选用直径符号"Φ"，中间空白方框输入公差值，第三个方框选择【附加符号】选项板，选择该选项对应的黑色方框，如图 6-19 所示。

○ 【基准 1】/【基准 2】区：在该选项中的空白处输入形位公差的基准要素代号，黑色方框添加的是"附加符号"。

○ 【高度】选项：该选项创建特征控制框中的投影公差零值。

○ 【延伸公差带】选项：该选项在延伸公差带值的后面插入延伸公差带符号。

○ 【基准标识符】选项：该选项创建由参照字母组成的基准标识符。

图 6-18 【特征符号】选项板

图 6-19 【附加符号】选项板

依照上述方法创建的形位公差没有引线，只是带形位公差的特征控制框，如图 6-20 所示。然而在多数情况下，创建的形位公差都需要带有引线，如图 6-21 所示，因此在设计人员标注形位公差的时候经常采用【引线设置】对话框中的【公差】选项。

**【例6-6】** 用【引线标注】命令 qleader 标注形位公差。

图 6-20 不带引线的形位公差     图 6-21 带引线的形位公差

**步骤 1** 打开配套资料云盘中的"第 6 章\图 6-22.dwg"文件，并将"标注"图层设置为当前图层，完成形位公差的标注。

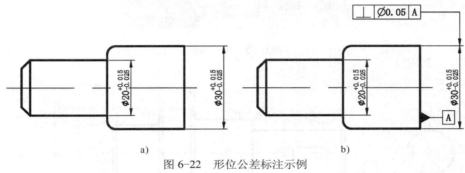

a)     b)

图 6-22 形位公差标注示例

a) 标注前  b) 标注后

**步骤 2** 直接执行 qleader 命令，AutoCAD 提示如下。

命令: _qleader ✓
指定第一个引线点或 [设置(S)] <设置>: s ✓(选择【设置】选项，打开【引线设置】对话框，如图 6-23 所示，在【注释类型】选项组中选择【公差】选项，然后选择【引线和箭头】选项卡，如图 6-24 所示，在这里对【引线和箭头】的相关选项进行设置，设置完成后单击 确定 按钮，完成设置，然后进行形位公差的标注。
指定第一个引线点或 [设置(S)] <设置>: <对象捕捉 开> （选择"Φ30"尺寸线上的端点）
指定下一点: （向上拖动鼠标在适当的位置，单击鼠标左键）
指定下一点: （向左拖动鼠标在适当的位置，单击鼠标左键）
指定下一点: ✓ （弹出图 6-17 所示的【形位公差】对话框完成设置）

图 6-23 【注释】选项卡     图 6-24 【引线和箭头】选项卡

## 6.4 综合实例——绘制阶梯轴

绘制阶梯轴，如图 6-25、图 6-26 所示。

图 6-25 轴三维图

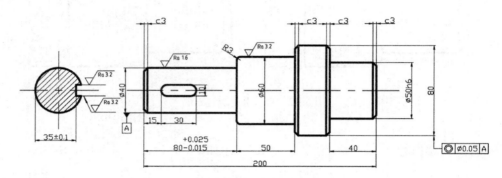

图 6-26 轴零件图

### 操作步骤

**步骤 1** 创建新图形。参照本书前面介绍的知识进行图层设置和图框绘制等操作，或直接以云盘中的文件"Gb-a3-h.dwt"为样板建立新图形。

**步骤 2** 绘制中心线。将"中心线"层设置为当前层，然后执行【绘图】/【直线】菜单命令，或执行 line 命令，AutoCAD 提示如下。

> 命令: _line ✓
> 指定第一点: (在绘图窗口中拾取一点)
> 指定下一点或 [放弃(U)]: @300，0 ✓
> 指定下一点或 [放弃(U)]: ✓

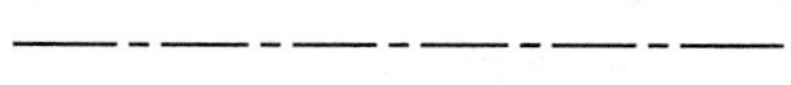

图 6-27 绘制中心线

结果如图 6-27 所示。

**步骤 3** 绘制轴轮廓。将"粗实线"层设置为当前层，执行【绘图】/【直线】菜单命令，或执行 line 命令，AutoCAD 提示如下。

> 命令: _line ✓
> 指定第一点: nea 到 (捕捉刚绘制的中心线左端点附近的一点，可以采用在【绘线】命令下，
> 按住 Shift 键的同时，单击鼠标右键，在弹出的快捷菜单中选择【最近点】选项，如图 6-28 所示)
> 指定下一点或 [放弃(U)]: @0，20 ✓
> 指定下一点或 [放弃(U)]: @80，0 ✓
> 指定下一点或 [闭合(C)/放弃(U)]: @0，10 ✓

指定下一点或 [闭合(C)/放弃(U)]: @50，0 ✓
指定下一点或 [闭合(C)/放弃(U)]: @0，10 ✓
指定下一点或 [闭合(C)/放弃(U)]: @30，0 ✓
指定下一点或 [闭合(C)/放弃(U)]: @0，-15 ✓
指定下一点或 [闭合(C)/放弃(U)]: @40，0 ✓
指定下一点或 [闭合(C)/放弃(U)]: @0，-25 ✓
指定下一点或 [闭合(C)/放弃(U)]: ✓

结果如图 6-29 所示。

图 6-28 【对象捕捉】快捷菜单　　　　　　　　图 6-29 绘制轴轮廓

执行【修改】/【镜像】菜单命令，或执行 mirror 命令，AutoCAD 提示如下。

命令: _mirror ✓
选择对象: 指定对角点: （通过窗口选择对象法选择刚刚在粗实线层绘制的线段，如图 6-30 所示）
选择对象: 指定对角点: 找到 9 个
选择对象: ✓
指定镜像线的第一点: （选取粗实线与中心线的交点选取点 1）
指定镜像线的第二点: （选取粗实线与中心线的交点选取点 2）
要删除源对象吗？[是(Y)/否(N)] <N>: ✓

结果如图 6-31 所示。

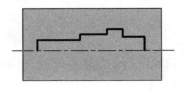　　　　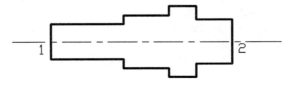

图 6-30 选择镜像的对象　　　　　　　　　图 6-31 镜像结果

执行【绘图】/【直线】菜单命令，或执行 line 命令，按照图 6-32 把直线 BB1、CC1、DD1 和 EE1 连接，结果如图 6-32 所示。

步骤 ④　倒角和倒圆角。执行【修改】/【倒角】菜单命令，或执行 chamfer 命令，AutoCAD 提示如下。

命令: _chamfer ✓
("修剪"模式) 当前倒角距离 1 = 0.0000，距离 2 = 0.0000
选择第一条直线或 [放弃(U)/多段线(P)/距离(D)/角度(A)/修剪(T)/方式(E)/多个(M)]: d（选择【距离(D)】选项）
指定第一个倒角距离 <0.0000>: 3 ✓（输入倒角距离）
指定第二个倒角距离 <3.0000>: ✓
选择第一条直线或 [放弃(U)/多段线(P)/距离(D)/角度(A)/修剪(T)/方式(E)/多个(M)]:（选择要倒角的在交点 A 的一条直线）
选择第二条直线，或按住 Shift 键选择要应用角点的直线: ✓（选择要倒角的在交点 A 的另一条直线）
命令: _chamfer ✓
("修剪"模式) 当前倒角距离 1 = 3.0000，距离 2 = 3.0000
选择第一条直线或 [放弃(U)/多段线(P)/距离(D)/角度(A)/修剪(T)/方式(E)/多个(M)]:（选择要倒角的在交点 C 的一条直线）
选择第二条直线，或按住 Shift 键选择要应用角点的直线: ✓（选择要倒角的在交点 C 的另一条直线）

依次重复执行【修改】/【倒角】菜单命令，或执行 chamfer 命令，对点 D、点 E、点 A1、点 C1、点 D1 和点 E1 处进行倒角，半径都是 3mm，结果如图 6-33 所示。

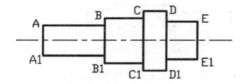
图 6-32　完成轴轮廓的绘制

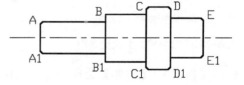
图 6-33　倒角

执行【修改】/【圆角】菜单命令，或执行 fillet 命令，AutoCAD 提示如下。

命令: _fillet ✓
当前设置: 模式 = 修剪，半径 = 0.0000
选择第一个对象或 [放弃(U)/多段线(P)/半径(R)/修剪(T)/多个(M)]: r（选择【半径】选项）
指定圆角半径 <0.0000>: 3 ✓
选择第一个对象或 [放弃(U)/多段线(P)/半径(R)/修剪(T)/多个(M)]:（选择要圆角的在交点 B 的一条直线）
选择第二个对象，或按住 Shift 键选择要应用角点的对象: ✓（选择要圆角的在交点 B 的另一条直线）
命令: _fillet ✓
当前设置: 模式 = 修剪，半径 = 3.0000
选择第一个对象或 [放弃(U)/多段线(P)/半径(R)/修剪(T)/多个(M)]:（选择要圆角的在交点 B1 的一条直线）
选择第二个对象，或按住 Shift 键选择要应用角点的对象: ✓（选择要圆角的在交点 B1 的另一条直线）

结果如图 6-34 所示。

执行【绘图】/【直线】菜单命令，或执行 line 命令，按照图 6-35 把缺少的线段补齐。

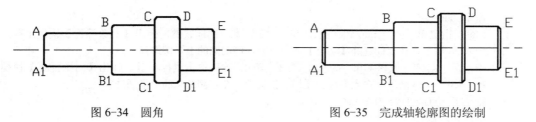

图 6-34 圆角                          图 6-35 完成轴轮廓图的绘制

步骤 5 绘制表示键槽的图形。执行【绘图】/【圆】菜单命令，或执行 circle 命令，AutoCAD 提示如下。

命令：_circle ✓
指定圆的圆心或 [三点(3P)/两点(2P)/相切、相切、半径(T)]：（按住 [Shift] 键后单击鼠标右键，弹出【对象捕捉】快捷菜单，在上面选择【自】选项，如图 6-36 所示）
_from 基点：（在图 6-35 中，选择轴与中心线相交的最左端的交点）
<偏移>：@15，0 ✓（利用相对坐标法，以基点为参照绘制圆）
指定圆的半径或 [直径(D)]：5 ✓

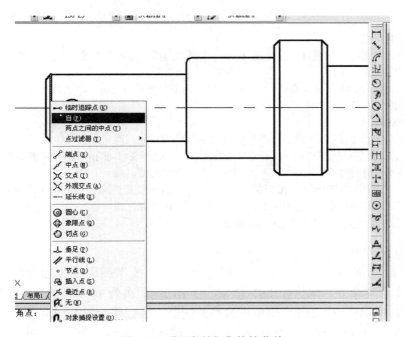

图 6-36 【对象捕捉】快捷菜单

命令：_circle ✓
指定圆的圆心或 [三点(3P)/两点(2P)/相切、相切、半径(T)]：（按住 [Shift] 键后单击鼠标右键，弹出【对象捕捉】快捷菜单，在上面选择【自】选项）
_from 基点：（在图 6-35 中，选择轴与中心线相交的最左端的交点）
<偏移>：@40，0 ✓（利用相对坐标法，以基点为参照绘制圆）
指定圆的半径或 [直径(D)]：5 ✓

结果如图 6-37 所示。

执行【绘图】/【直线】菜单命令，或直接执行 line 命令，AutoCAD 提示如下。

命令: _line ✓
LINE 指定第一点: _tan 到（按住 Shift 键后单击鼠标右键，弹出【对象捕捉】快捷菜单，如图 6-36 所示，在上面选择【切点】选项，在左侧的圆的上半圆选择一点）
指定下一点或 [放弃(U)]: _tan 到（按住 Shift 键后单击鼠标右键，弹出【对象捕捉】快捷菜单，如图 6-36 所示，在上面选择【切点】选项，在右侧的圆的上半圆选择一点）
指定下一点或 [放弃(U)]: ✓

结果如图 6-38 所示。

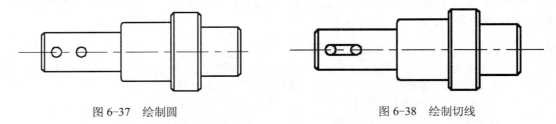

图 6-37　绘制圆　　　　　　　　　　　　　　　　图 6-38　绘制切线

执行【修改】/【修剪】菜单命令，或执行 trim 命令，AutoCAD 提示如下。

命令: _trim ✓
选择剪切边...
选择对象或 <全部选择>:　找到 1 个（选择作为剪切边界的对象，即选择前一步骤中绘制的两条直线中的一条）
选择对象:　找到 1 个，总计 2 个　（选择作为剪切边界的对象，即选择前一步骤中绘制的两条直线中的另一条）
选择对象: ✓
选择要修剪的对象，或按住 Shift 键选择要延伸的对象，或
[栏选(F)/窗交(C)/投影(P)/边(E)/删除(R)/放弃(U)]:　（选择要剪切的两个圆中左侧那个圆的相应部分）
选择要修剪的对象，或按住 Shift 键选择要延伸的对象，或
[栏选(F)/窗交(C)/投影(P)/边(E)/删除(R)/放弃(U)]:　（选择要剪切的两个圆中右侧那个圆的相应部分）
选择要修剪的对象，或按住 Shift 键选择要延伸的对象，或
[栏选(F)/窗交(C)/投影(P)/边(E)/删除(R)/放弃(U)]:　✓

结果如图 6-39 所示。

**步骤 6** 绘制剖面图中的中心线和圆。将"中心线"图层设为当前图层。执行【绘图】/【直线】菜单命令，或执行 line 命令，分别绘制距离为 60mm 的两条水平中心线和一条垂直中心线，并将"中心线"图层设为当前图层。执行【绘图】/【圆】菜单命令，或执行 circle 命令，以中心线的交点为圆心，绘制一个半径为 20mm 的圆，如图 6-40 所示。

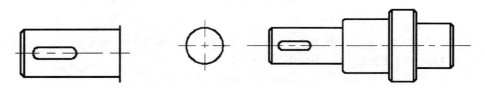

图 6-39　完成键槽的绘制　　　　　　　　　图 6-40　绘制中心线和圆

**步骤 7** 完成剖面图轮廓线的绘制。将轴剖面的中心线进行平移，以便绘制键槽。执行

【修改】/【偏移】菜单命令，或执行 offset 命令，AutoCAD 提示如下。

> 命令：_offset ↙
> 指定偏移距离或 [通过(T)/删除(E)/图层(L)] <通过>：　5 ↙
> 选择要偏移的对象，或 [退出(E)/放弃(U)] <退出>：　（拾取剖面图中的水平中心线）
> 指定要偏移的那一侧上的点，或 [退出(E)/多个(M)/放弃(U)] <退出>：　（在所拾取直线的上方任意拾取一点）
> 选择要偏移的对象，或 [退出(E)/放弃(U)] <退出>：　（拾取剖面图中的水平中心线）
> 指定要偏移的那一侧上的点，或 [退出(E)/多个(M)/放弃(U)] <退出>：　（在所拾取直线的下方任意拾取一点）
> 选择要偏移的对象，或 [退出(E)/放弃(U)] <退出>：↙
> 命令：_offset ↙
> 指定偏移距离或 [通过(T)/删除(E)/图层(L)] <5.0000>：　15 ↙（拾取剖面图中的垂直中心线）
> 选择要偏移的对象，或 [退出(E)/放弃(U)] <退出>：
> 指定要偏移的那一侧上的点，或 [退出(E)/多个(M)/放弃(U)] <退出>：　（在所拾取直线的左侧任意拾取一点）
> 选择要偏移的对象，或 [退出(E)/放弃(U)] <退出>：　*取消* ↙

结果如图 6-41 所示。

执行【修改】/【修剪】菜单命令，或执行 trim 命令，AutoCAD 提示如下。

> 命令:_trim ↙
> 选择剪切边...
> 选择对象或 <全部选择>：　找到 1 个 (选择作为剪切边界的对象，即选择前一步骤中偏移生成的两条平行直线中的一条)
> 选择对象：找到 1 个，总计 2 个 (选择作为剪切边界的对象，即选择前一步骤中偏移生成的两条平行直线中的另一条)
> 选择对象：找到 1 个，总计 3 个 (选择作为剪切边界的对象，即选择前一步骤中偏移生成的垂直直线)
> 选择对象：找到 1 个，总计 4 个 (选择作为剪切边界的对象，选择圆，结果如图 6-42 所示)
> 选择对象：↙
> 选择要修剪的对象，或按住 Shift 键选择要延伸的对象，或
> [栏选(F)/窗交(C)/投影(P)/边(E)/删除(R)/放弃(U)]：　（选择要剪切的相应部分）
> 选择要修剪的对象，或按住 Shift 键选择要延伸的对象，或
> [栏选(F)/窗交(C)/投影(P)/边(E)/删除(R)/放弃(U)]：↙

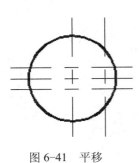

图 6-41　平移　　　　　　　　　　图 6-42　选择剪切的边界

结果如图 6-43 所示。

选择键槽中的 3 个短线段，如图 6-44 所示，然后选择图层中的粗实线层。

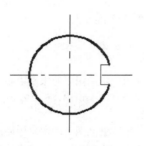

图 6-43　剪切　　　　　　　　　　　　　　　图 6-44　修改线型

**步骤 8** 完成剖面图的填充线。将"剖面线"图层设为当前图层。执行【绘图】/【图案填充】菜单命令，或直接执行 bhatch 命令，打开【图案填充创建】对话框，通过该选项进行设置，在【图案填充创建】对话框中，在【图案】下拉列表框中选择"ansi31"，【填充角度】设为"0"，在【比例】下拉列表框中选择"1"，然后单击【拾取点】⊞按钮，返回到绘图窗口，在图形中选择要填充的部分，单击鼠标右键后在弹出的快捷菜单中选择【确定】选项，返回到【图案填充和渐变色】对话框，单击 确定 按钮，完成填充。如完成填充后图案过密，可以右击填充的图案，在弹出的快捷菜单中选择【图案填充编辑】选项，弹出【图案填充】和【渐变色】选项卡，在【比例】下拉列表框中选择较大的数值，反之选择较小的数值。结果如图 6-45 所示。

结果如图 6-45 所示。

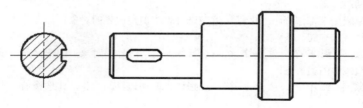

图 6-45　填充

**步骤 9** 标注线性尺寸标注。将"标注"图层设为当前图层。执行【标注】/【线性】菜单命令，或执行 dimlinear 命令，AutoCAD 提示如下。

命令:_dimlinear　↙
指定第一条尺寸界线原点或 <选择对象>:　（选择要标注的尺寸的一个端点）
指定第二条尺寸界线原点:　（选择要标注的尺寸的另一个端点）
指定尺寸线位置或
[多行文字(M)/文字(T)/角度(A)/水平(H)/垂直(V)/旋转(R)]:
标注文字 = 80

命令:_dimlinear　↙
指定第一条尺寸界线原点或 <选择对象>:　（选择要标注的尺寸的一个端点）
指定第二条尺寸界线原点:　（选择要标注的尺寸的另一个端点）
指定尺寸线位置或
[多行文字(M)/文字(T)/角度(A)/水平(H)/垂直(V)/旋转(R)]: t　↙　（选择【文字】选项）
输入标注文字 <40>: %%c40　↙　（输入要标注的文字，其中输入"%%C"的目的是要在标注的尺寸前加直径符号"φ"）

根据以上标注的步骤完成其他线性尺寸的标注，结果如图 6-46 所示。

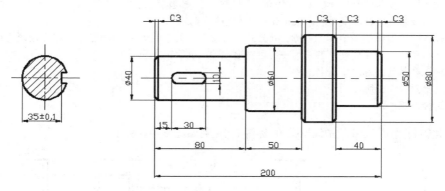

图 6-46 线性尺寸标注

步骤 10 标注圆弧尺寸标注。执行【标注】/【半径】菜单命令，或执行 dimradius 命令，AutoCAD 提示如下。

> 命令：_dimradius ↙
> 选择圆弧或圆：（选择点 B 的圆角的圆弧）
> 标注文字 = 3
> 指定尺寸线位置或 [多行文字(M)/文字(T)/角度(A)]: ↙

结果如图 6-47 所示。

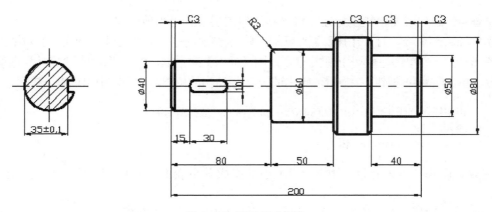

图 6-47 圆弧尺寸标注

步骤 11 完成尺寸公差标注。选择线性标注"Φ80"，执行【标注】/【替代】菜单命令，或执行 dimoverride 命令，AutoCAD 提示如下。

> 命令：_dimoverride ↙
> 输入要替代的标注变量名或 [清除替代(C)]: dimtol ↙ （更改控制偏差的系统变量 dimtol 的值）
> 输入标注变量的新值 <关>: 1 ↙ （打开偏差输入，如果要是无偏差的话，系统变量设置为 0）
> 输入要替代的标注变量名：_dimtdec ↙ （偏差精度设置）
> 输入标注变量的新值 <2>: 3 ↙ （精确到小数点后第 3 位）
> 输入要替代的标注变量名：_dimtfac ↙ （设置偏差文字高度比例系数）
> 输入标注变量的新值 <1.0000>: 0.7 ↙ （将偏差文字设置为基本尺寸文字高度的 0.7 倍）

输入要替代的标注变量名: _dimtp ✓（更改上偏差）
输入标注变量的新值 <0.0000>: 0.01 ✓（输入上偏差的值为"0.01"）
输入要替代的标注变量名: _dimtm ✓（更改下偏差）
输入标注变量的新值 <0.0000>: 0.025 ✓（输入下偏差的值为"0.025"，需要强调的是下偏差默认是负的，如果要使下偏差为正，则需要在输入文字前加负号）
输入要替代的标注变量名: ✓
选择对象: 找到 1 个
选择对象: ✓

依照此方法完成尺寸"Φ50h6"的标注，结果如图 6-48 所示。

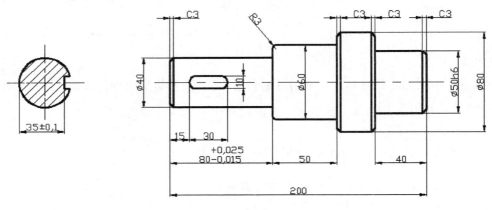

图 6-48　公差尺寸标注

**步骤 12** 添加表面粗糙度标注。将"标注"图层设置为当前图层。

执行 insert 命令，打开【插入】对话框，单击 浏览(B)... 按钮，弹出【选择文件】对话框，选择"图 6-10"，并单击 确定 按钮打开，返回【插入】对话框，保持"比例""旋转"选项默认的设置，单击 确定 按钮，在图形中选择图形表面适当的位置，命令行中出现以下提示。

指定插入点或 [基点(B)/比例(S)/X/Y/Z/旋转(R)]:（选择适当的点）
输入属性值
请输入粗糙度的值 <1.6>: ✓

完成表面粗糙度的标注，参照 6.3.1 小节完成其余表面的粗糙度标注，结果如图 6-49 所示。

**步骤 13** 完成形位公差的标注。将"标注"图层设置为当前图层，直接执行 qleader 命令，AutoCAD 提示如下。

命令: _qleader ✓
指定第一个引线点或 [设置(S)] <设置>: s ✓（选择【设置】选项，打开【引线设置】对话框，在【注释类型】选项组中选择【公差】选项，然后选择 引线和箭头 选择卡，在这里对【引线和箭头】的相关选项进行设置，设置完成后单击 确定 按钮，完成设置）
指定第一个引线点或 [设置(S)] <设置>: <对象捕捉 开>（选择"Φ80"尺寸线上的端点）
指定下一点:（向下拖动鼠标在适当的位置，单击鼠标左键）
指定下一点: ✓（弹出如图 6-17 所示的【形位公差】对话框，完成设置）

结果如图 6-50 所示。

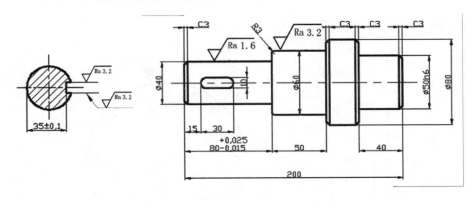

图 6-49 表面粗糙度标注

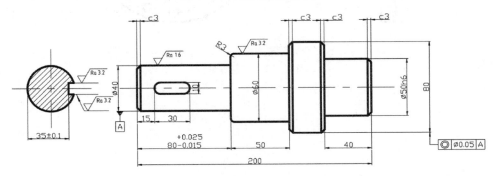

图 6-50 形位公差标注

重复以上步骤，完成剖面图的尺寸公差、表面粗糙度和形位公差的标注。

# 6.5 习题

（1）简述绘制零件图的一般步骤。

（2）绘制如图 6-51 所示的双偏心轴零件图。

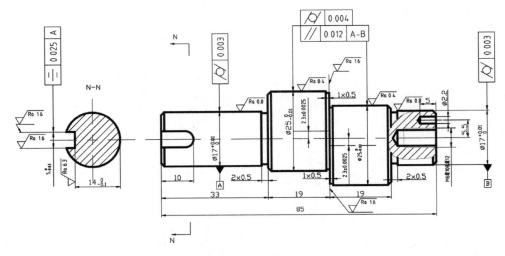

图 6-51 双偏心轴零件图

（3）绘制图 6-52 所示的闷盖零件图。

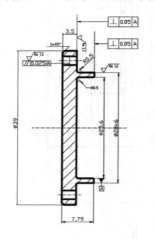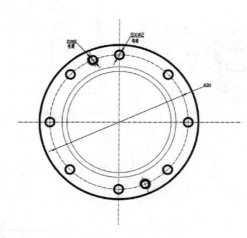

图 6-52　闷盖零件图

# 第7章 装配图的绘制

07

装配图是表达机器或部件的图样，也是安装、调试、操作和检修机器或部件的重要技术文件，它主要表示机器或部件的结构形状、装配关系、工作原理和技术要求等信息。因此，正确地绘制装配图是工程设计过程中十分重要的一个环节。本章将详细地介绍机械工程中装配图的绘制方法及步骤。

📖 **重点知识**
- 了解装配图绘制的一般过程
- 熟练掌握绘制装配图的几种方法

## 7.1 装配图绘制的一般过程

装配图是表示产品及其组成部分的连接、装配关系的图样。装配图的作用主要体现在以下几个方面。

（1）在机器设计过程中，通常要先根据机器的功能要求，确定机器或部件的工作原理、结构形式和主要零件的结构特征，画出它们的装配图，然后再根据装配图进一步设计零件并画出零件图。

（2）在机器制造过程中，装配图是制定装配工艺规程、进行装配和检验的技术依据。

（3）在安装调试、使用和维修机器时，装配图也是了解机器结构和性能的重要技术文件。

### 7.1.1 装配图的内容

一张完整的装配图应包含以下4部分的内容。

（1）一组视图。装配图由一组视图组成，用以表达各组成零件的相互位置和装配关系，部件或机器的工作原理和结构特点。

（2）必要的尺寸。表示机器或部件的性能规格、装配、检验、安装时所需的尺寸。

（3）技术要求。用文字或符号说明机器或部件性能、装配、检验、安装、调试，以及使用、维修等方面的要求。

（4）零件序号、明细表和标题栏。用以说明机器或部件的名称、代号、数量、画图比例、设计审核签名，以及它所包含的零部件的代号、名称、数量、材料等。

### 7.1.2 绘制装配图的一般过程

装配图和零件图的表达方法基本相同，都是通过各种视图、剖视图和断面图等来表示的，但是装配图的表达要求与零件图是不同的。装配图需要表达出部件的工作原理，各组成零件之间的相对位置、装配关系和主要零件的结构形状。

设计人员在绘制装配图的过程中，必须遵守机械制图国家标准的规定。下面介绍AutoCAD绘制装配图的一般过程及需要注意的一些常见问题。

**1. 装配图画法的一般规定**

绘制装配图时，为了便于区分零件，正确地理解零件之间的装配关系，在画法上有以下规定。

（1）相邻零件的接触表面和配合表面只画一条线，不接触表面和非配合表面，即使间隙很小也应画成两条线。

同一零件在各视图中的剖面线的方向和间隔必须一致，两个相邻零件的剖面线倾斜方向相反，或方向一致但间隔不同。

（2）当剖切平面通过螺栓、螺柱、螺钉、螺母、垫圈等标准件，如轴、手柄、连杆、键、销、球等的基本轴线时按不剖绘制。当其上的孔、槽需要表达时，可采用局部剖视。当剖切平面垂直这些零件的轴线时，则应画剖面线。

**2. 装配图的特殊画法**

为了能简单而清楚地表达部件的结构特点，在装配图中规定了以下一些特殊的画法。

（1）拆卸或沿零件结合面的剖切画法。在装配图中，为了表示部件内部零件间的装配情况，可假想沿某些零件结合面剖切，或将某些零件拆卸掉绘出其图形。

（2）假想画法。在装配图中，为了表示与本部件有装配关系，但又不属于本部件的其他相邻部件时，可用双点画线画出。

（3）简化画法。对于装配图中的螺栓、螺钉连接等若干相同的零件组，可以仅详细地画出一处或几处，其余只需用点画线表示其中心位置。

（4）夸大画法。在装配图中，对薄垫片、小间隙等，如按实际尺寸画出表示不明显时，可把它们的厚度、间隙适当放大画出。

**3. 装配图视图选择**

绘制部件的装配图，要从有利于生产、便于读图出发恰当的选择视图。一般对部件装配图视图的表达要求是：正确、清晰地表达出部件的工作原理，各零件间的相对位置及其装配关系以及零件的主要结构形状。在确定部件视图表达方案时，首先要定好主视图，然后配合主视图选择其他视图。

（1）主视图的选择。主视图的选择应符合下列要求。

◎ 符合部件的工作位置。

◎ 能清晰地表达部件的工作原理和主要零件间的装配关系，一般画成剖视图。

（2）确定其他视图。主视图选择之后，部件的主要装配关系和工作原理，一般均能表达清楚。但只有一个主视图，往往不能把部件的所有装配关系和工作原理全部表达出来，需要根据需求选择其他视图来表达。对球阀来说，连接阀盖和阀体的螺柱分布情况，阀盖、阀体等零件的主要结构形状在主视图中并未充分表达清楚，因此还需选用左视图。考虑球阀前后对称的特点，左视图采用半剖视图法，左半个视图表达阀盖的基本形状和 4 组螺柱的连接位置，右半个剖视图用以补充表达阀体、球塞和阀杆的结构形状。

### 4．装配图的尺寸标注

装配图的尺寸标注与零件图的要求完全不同。零件图是用来制造零件的，所以应注出制造所需的全部尺寸。而装配图只需注出与部件性能、装配、安装、运输有关的几类尺寸即可。

（1）性能、规格尺寸。表示部件性能或规格的尺寸，它是设计或选用部件的主要依据。

（2）装配尺寸。主要有以下两种尺寸。

- 配合尺寸表示零件间配合性质的尺寸。
- 相对位置尺寸。

表示装配时零件间需要保证的相对位置尺寸，常见的有重要的轴距、空心距和间隙等。

（3）安装尺寸。表示部件安装到其他零部件或基座上所需的尺寸。

（4）外形尺寸。表示部件的总长、总宽和总高的尺寸。它表示部件所占空间的大小，以供产品包装、运输和安装时参考。

（5）其他重要尺寸。装配图中除上述尺寸之外，有时还应注出运动零件的活动范围或主要零件的重要尺寸。

### 5．装配结构的合理性

在绘制装配图的过程中，应考虑装配结构的合理性，以保证部件的性能要求和装拆方便。装配结构的内容很多，仅就常见的装配结构问题做一些介绍，以供画装配图时参考。

（1）两个零件同一方向接触面的数量。两个零件接触时，在同一方向接触面一般只有一个，要避免两组面同时接触，不然就要提高接触面处的尺寸精度，增加加工成本。

（2）两个零件接触拐角处的结构。如轴与孔端面接触时，在拐角处孔边要倒角或轴根要切槽，以保证两端面能紧密接触。

（3）锥面配合的结构。两个零件有锥面配合时，锥体端面与锥孔底部应留有空隙，才能保证两锥面的正确配合。

（4）密封装置的结构。在一些部件中，常需要有密封装置，以防止液体外流或灰尘进入。通常用浸油的石棉绳或橡胶做填料，拧紧压盖螺母，通过填料压盖压紧填料，起到密封作用。但填料压盖与阀体端面之间必须留有一定的间隙，才能保证填料压紧，而轴与填料压盖之间也应有一定间隙，以免轴转动产生摩擦。

（5）滚动轴承轴向定位的结构。滚动轴承以轴肩或孔肩进行轴向定位时，为了拆卸方便，轴肩应小于轴承内圈厚度，孔肩应小于外圈厚度。

（6）考虑安装、维修的方便。例如安装螺钉位置时，应考虑扳手的空间活动范围。

## 7.2　装配图绘制方法

装配图的绘制方法和过程与零件图的大致相同，但又有其自身的特点。装配图的一般绘制过程如下。

（1）对所表达的部件进行分析。

画装配图之前，必须对所表达的部件的功用、工作原理、结构特点、零件之间的装配关系等进行分析、了解，以便着手考虑视图表达方案。

（2）确定视图表达方案。

对所画的部件了解清楚后，根据视图选择的原则确定表达方案。

（3）建立装配图。

根据部件的大小、视图的数量确定图样的比例，并考虑标注尺寸、编写序号、明细栏、标题栏等所占空间的位置，选定图幅，然后按下述步骤画图。

1）画图框和标题栏、明细栏的外框。

2）布置视图。按估计的各视图的大小，在适当位置画出各视图的作图基线，例如主要的中心线、对称线或主要端面的轮廓线等。布置视图时，要注意在视图之间为标注尺寸和编写序号留有足够的位置，并力求图面布置匀称。

3）绘制装配图。利用 AutoCAD 绘制装配图可以采用的主要方法有 4 种。

- 零件图块插入法。
- 图形文件插入法。
- 直接绘制法。
- 利用设计中心拼装法。

（4）对装配图进行尺寸标注。

（5）编写零部件序号。

（6）填写标题栏、明细栏及技术要求。

（7）保存图形文件。

## 7.2.1　零件图块插入法

用零件图块插入法绘制装配图，就是将组成部件或机器的各个零件的图形先创建为图块，然后再按零件间的相对位置关系，将零件图块逐个插入，最终绘制成装配图的一种方法。为了提高装配图的设计效率，可以为一些标准件和常用件建立零件库，在以后的装配图设计中直接从该零件库中调用。

下面用零件图块插入法绘制联轴器，如图 7-1 所示。

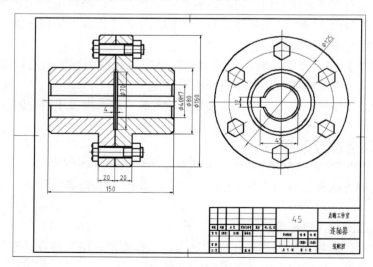

图 7-1　联轴器

### 操作步骤

**步骤 1** 绘制零件图。按照前面所学过的知识绘制联轴器的各部分零件图，然后保存，如图 7-2～图 7-4 所示。

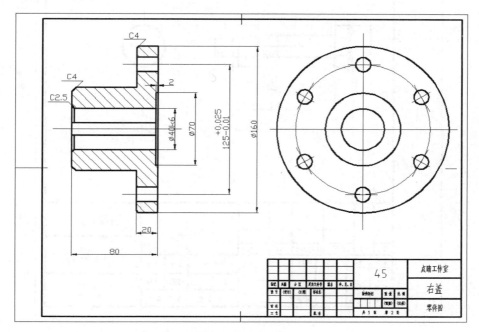

图 7-2 右端零件图

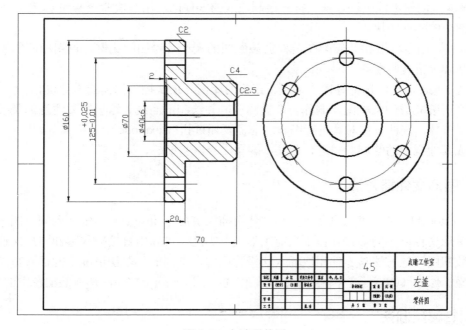

图 7-3 左端零件图

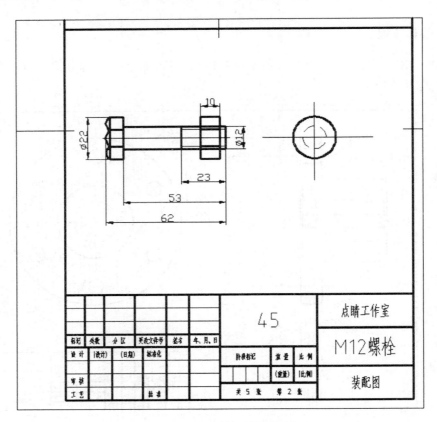

图 7-4 螺栓零件图

步骤 2 创建零件图块。依次打开绘制完成的零件图，用写块命令 wblock 创建各个零件图有用部分的零件图块。

步骤 3 由零件图拼装装配图。根据装配图的大小及绘图的比例，调用相应的模板，然后在此基础上拼装装配图。

通过 insert 命令，选择好插入基点、正确的比例，依次插入创建的零件块。

检查拼装完成的装配图，删除多余的图线，并绘制剖面线。这里需要注意的是插入的图块是一个整体，因此，在对其进行编辑之前需要通过执行 explode 命令将其分解。

完成其他视图的绘制，并进行标注，编写序号、明细栏、标题栏等。

## 7.2.2 图形文件插入法

在 AutoCAD 中，可以将多个图形文件用插入块命令 insert 直接插入到同一图形中，插入后的图形文件以块的形式存在于当前图形中。因此，可以用直接插入零件图形文件的方法来绘制装配图，该方法与零件图块插入法极为相似，不同的是默认情况下的插入基点为零件图形的坐标原点（0,0），这样在绘制装配图时就不必准确确定零件图形在装配图中的位置。

## 7.2.3 直接绘制法

对于一些比较简单的装配图，可以直接利用 AutoCAD 的二维绘图及编辑命令，按照手工绘制装配图的绘图步骤将其绘制出来，与零件图的绘制方法一模一样。在绘制过程中，要充分利用"对象捕捉"及"正交"等快速绘图辅助工具以提高绘图的准确性，并通过对象追踪和构造线 xline 来保证视图之间的投影关系。但这种绘制方法不适于绘制复杂的图形，因此，这种方法在绘制装配图时很少用到。

### 7.2.4 利用设计中心拼装法

🔅 **操作步骤**

**步骤 1** 绘制零件图。按照前面所学过的知识绘制联轴器的各部分零件图，然后保存，如图 7-2、图 7-3、图 7-4 所示。

**步骤 2** 创建"零件图"块。依次打开绘制完成的零件图，用【写块】命令 wblock 创建各个"零件图"有用部分的零件图块。

**步骤 3** 执行【工具】/【选项板】/【设计中心】菜单命令，或执行 adcenter 命令，打开【设计中心】对话框，在窗口左侧的文件列表中找到"右盖"，单击，然后在左侧窗口中双击【块】选项图标，右侧显示图形中包含的所有块如图 7-5 所示，双击要插入的块，弹出【插入】对话框，在【插入】对话框中指定插入点的位置、旋转的角度和比例等，然后将图形插入到装配图的合适位置。

图 7-5 【设计中心】对话框

**步骤 4** 重复利用设计中心将零件图拼装成装配图。装配图是机械设计的一个重要的内容。基于 AutoCAD 绘制出某一部件的装配图后，用户可以方便地进行拆零件图操作，同样当用 AutoCAD 绘制出某一部件的所有零件图后，设计人员可以利用零件图块插入法、图形文件插入法和利用设计中心拼装法等方法完成装配图的拼装，同时设计人员也可以采用直接绘制法完成装配图的绘制。

## 7.3 习题

（1）总结一下，装配图的特殊画法有哪些？

（2）绘制如图 7-6 所示的装配图。（图中给出了主要尺寸，其余部分尺寸由用户确定。）

（3）绘制如图 7-7 所示的装配图。（图中给出了主要尺寸，其余部分尺寸由用户确定。）

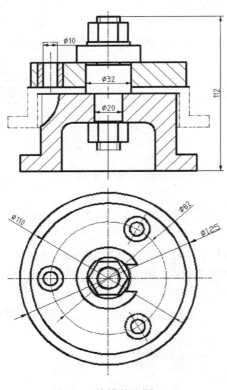

图 7-6　钻模装配图

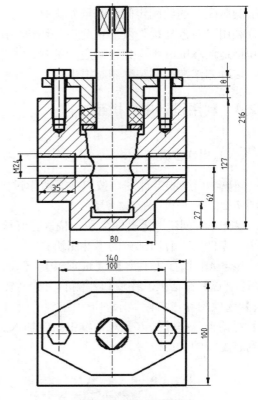

图 7-7　截止阀装配图

# 第8章 常用件和标准件的绘制 08

常用件和标准件是机械工程中必不可少的零件，比如螺母、螺栓、弹簧、轴承等，尽管这些零件尺寸很小，但由于这些零件的用量很大，所以它们的尺寸和结构已经标准化，以便于使用和制造。同时国家还规定了它们的简化画法，以便于设计和制图。要绘制大零件，首先要学会绘制这些小零件，所以本章主要学习如何绘制这些常用件和标准件。

📖 **重点知识**
- ◎ 了解常用件和标准件的概念和功能
- ◎ 复习并掌握基本绘图命令
- ◎ 复习基本编辑命令

## 8.1 绘制螺母

螺母的绘制过程分两部分：对于俯视图，由多边形和圆构成，可直接绘制；对于主视图，则需利用与俯视图的投影关系进行定位和绘制。螺母各部分尺寸都是以螺纹大径 d 为基础画出的，如图 8-1 所示。只要知道了螺纹大径 d，就可以根据比例绘制出螺母。

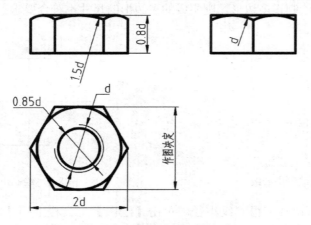

图 8-1 螺母尺寸的比例关系

【例 8-1】 绘制螺母。

假设已知螺纹大径 d=30mm，然后根据图 8-1 所示的比例关系就可以绘制出相应的螺母的三视图。通过参阅机械制图方面的书籍可查得螺纹大径 d。在这里以螺栓 GB/T 6170 M30 为例，螺纹规格 d 是 M30，相应的螺纹大径是 30mm。

根据图 8-1 所示的比例关系，还可以计算其他的尺寸。

螺母的直径：2d=60mm。

螺母内螺纹的小径：0.85d=25.5mm。

螺母的高度：0.8d=24mm。

螺母主视图中圆弧交线的半径：1.5d=45mm。

有了以上的数据作为基础，就可以正式绘图了。

### 操作步骤

#### 1．创建新图形

首先创建新图形，参照本书前面介绍的知识进行图层设置和图框绘制等操作，或直接以云盘中的文件"Gb-a4-h.dwt"为样板建立新图形。

#### 2．绘制俯视图

**步骤 1**　将"中心线"图层设为当前图层，执行 line 命令，分别绘制距离为 60mm 的两条水平中心线和一条垂直中心线，如图 8-2 所示。

**步骤 2**　在俯视图中绘制六角螺母。将"粗实线"图层设为当前图层，单击【绘图】工具栏上的【正多边形】按钮⬡，或执行【绘图】/【正多边形】菜单命令，即执行 polygon 命令，绘制一个正六边形，AutoCAD 提示如下。

```
输入边的数目 <4>：6↙
指定正多边形的中心点或 [边(E)]：（捕捉中心线的下方交点）
输入选项 [内接于圆(I)/外切于圆(C)] <I>：↙
指定圆的半径：30↙
```

执行结果如图 8-3 所示。此处必须采用"内接于圆"的方式绘制正多边形；如果采用"外切于圆"的方式绘制正多边形，则生成的多边形的尺寸不符合要求。

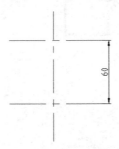

图 8-2　绘制中心线

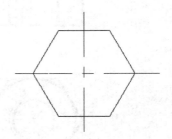

图 8-3　绘制正六边形

**步骤 3**　绘制内切圆和内螺纹小径。单击【绘图】工具栏上的【圆】按钮⊙，或执行【绘图】/【圆】/【三点】菜单命令，即执行 circle 命令，通过选择"对象捕捉"模式，选择正六边形的边作为圆的切边。再执行 circle 命令，以 0.85d=25.5 为半径绘制内螺纹的小径，执行结果如图 8-4 所示。

**步骤 4**　绘制内螺纹的大径。执行【绘图】/【圆弧】/【圆心、起点、角度】菜单命令，即执行 arc 命令，AutoCAD 提示如下。

> 定圆弧的起点或 [圆心(C)]：c ✓
> 指定圆弧的圆心：（捕捉圆心坐标）
> 指定圆弧的起点：@-15，0✓
> 指定圆弧的端点或 [角度(A)/弦长(L)]：a ✓
> 指定包含角：270✓

执行结果如图 8-5 所示。

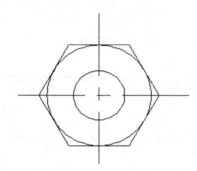 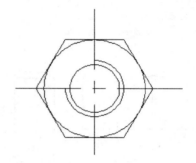

图 8-4　绘制内切圆和内螺纹小径　　　　　　图 8-5　绘制内螺纹的大径

### 3．绘制主视图

**步骤 1**　绘制辅助线。采用 line 命令绘制如图 8-6 所示的辅助直线，并把上面的水平中心线向上偏移 24mm，并改换到实线层，执行结果如图 8-6 所示。修剪结果如图 8-7 所示。

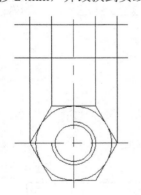 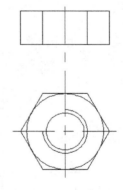

图 8-6　绘制辅助直线　　　　　　　　　　图 8-7　修剪结果

**步骤 2**　绘制圆弧。将位于最上方的水平线向下偏移 45mm，以偏移线和垂线的交点为圆心绘制半径为 45mm 的圆，执行结果如图 8-8 所示。进一步修剪后得到如图 8-9 所示的修剪结果。

**步骤 3**　绘制辅助直线，执行结果如图 8-10 所示。进一步绘制圆弧，得到如图 8-11 所示的结果，对主视图进行修改处理，完成的最终结果如图 8-12 所示。

### 4．绘制左视图

**步骤 1**　根据俯视图的投影关系绘制如图 8-13 所示的左视图的辅助直线。

**步骤 2**　对图 8-13 所示的左视图进行修剪，然后绘制半径为 30mm 的圆弧，结果如图 8-14 所示。

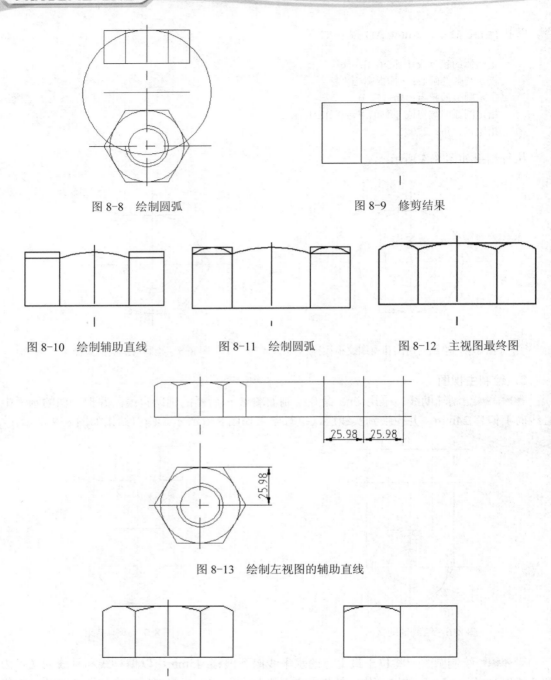

图 8-8  绘制圆弧

图 8-9  修剪结果

图 8-10  绘制辅助直线

图 8-11  绘制圆弧

图 8-12  主视图最终图

图 8-13  绘制左视图的辅助直线

图 8-14  修剪和绘制圆弧

步骤 3  对图 8-14 所示的左视图进行镜像和修剪，结果如图 8-15 所示。

### 5. 最终完成图

如图 8-16 所示为最终完成图。

图 8-15　镜像和修剪

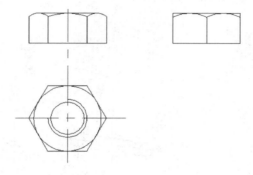

图 8-16　最终完成图

## 8.2　绘制弹簧

【例 8-2】　绘制弹簧，如图 8-17 所示。

🔍 操作步骤

### 1．创建新图形

首先创建新图形，参照本书前面介绍的知识进行图层设置和图框绘制等操作，或直接以云盘中的文件"Gb-a4-v.dwt"为样板建立新图形。

### 2．绘制中心线和辅助线

**步骤 1**　绘制中心线和辅助线。将"中心线"图层设为当前图层。

**步骤 2**　单击【绘图】工具栏上的直线按钮 ／，或执行【绘图】/【直线】菜单命令，即执行 line 命令，AutoCAD提示如下。

指定第一点：（在屏幕的恰当位置取一点）
指定下一点或 [放弃(U)]：@0，-140✓
指定下一点或 [放弃(U)]：✓

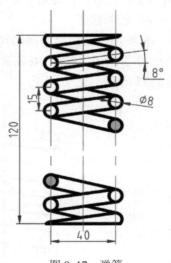

图 8-17　弹簧

**步骤 3**　单击【修改】工具栏上的偏移按钮 ，或执行【修改】/【偏移】菜单命令，将中心线向左、右各偏移 20mm，这样得到 3 条竖直的垂线。再次执行 line 命令，AutoCAD提示如下。

指定第一点：（在屏幕的恰当位置取一点）
指定下一点或 [放弃(U)]：@60<8↙
指定下一点或 [放弃(U)]：↙

完成辅助直线的绘制，执行结果如图 8-18 所示。

**步骤 4** 绘制圆和切线。在斜线与中心线交点处以 4mm 为半径绘制两个圆，通过对象捕捉功能绘制两个圆的切线，如图 8-19 所示。

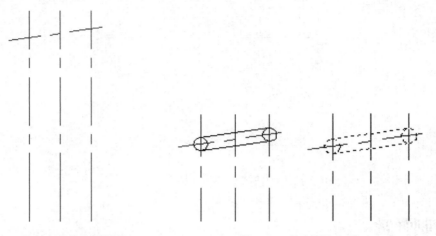

图 8-18　绘制中心线和辅助线　　　　图 8-19　绘制圆和切线

**3．阵列**

单击【修改】工具栏上的【阵列】按钮，或执行【修改】/【阵列】菜单命令，打开【阵列】对话框，在该对话框中进行设置，阵列结果如图 8-20 所示。

**4．绘制切线**

参照图 8-21 绘制圆的切线，对绘制的切线进行阵列，行间距为–15mm，执行结果如图 8-22 所示，并对右侧最下方的圆进行复制，下移 15mm 得到新圆的位置，执行结果如图 8-23 所示。

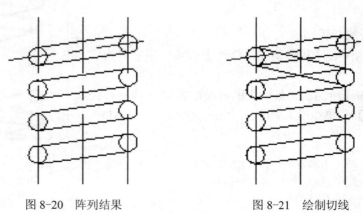

图 8-20　阵列结果　　　　图 8-21　绘制切线

**5．修剪**

绘制如图 8-24 所示的辅助线，参照图 8-25 对图 8-24 进行修剪，执行结果如图 8-25 所示。

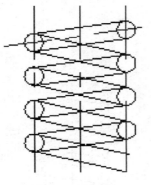

图 8-22  阵列切线

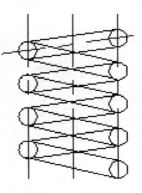

图 8-23  复制圆

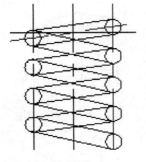

图 8-24  绘制辅助线

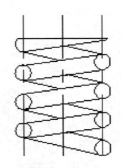

图 8-25  修剪结果

**6．复制和旋转**

步骤1  单击【修改】工具栏上的【复制】按钮，或执行【修改】/【复制】菜单命令，AutoCAD 提示如下。

> 选择对象：（选择除 3 条竖直垂线以外的所有其他图形）
> 选择对象：↙
> 指定基点或 [位移(D)/模式(O)] <位移>：（任意拾取一点）
> 指定第二个点或 <使用第一个点作为位移>：@0，-120↙
> 指定第二个点或 [退出(E)/放弃(U)] <退出>：↙

结果如图 8-26 所示。

步骤2  单击【修改】工具栏上的【旋转】按钮，或执行【修改】/【旋转】菜单命令，即执行 rotate 命令，AutoCAD 提示如下。

> 选择对象：（选择图 8-26 复制得到图形）
> 选择对象：↙
> 指定基点：（捕捉图 8-26 复制得到图形的水平线与中间垂线的交点）
> 指定旋转角度，或[复制(C)/参照(R)] <0.00>：180↙

结果如图 8-27 所示。

**7．删除和移动**

步骤1  由图 8-17 所示的弹簧零件图可知，下边的图形只有两圈，因此需要删除部分图形。执行 erase 命令，参考图 8-28 选择删除对象，执行结果如图 8-29 所示。

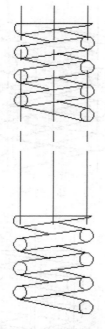

图 8-26　复制结果

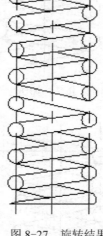

图 8-27　旋转结果图

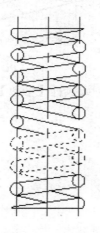

图 8-28　删除对象

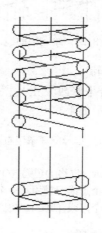

图 8-29　删除结果

步骤 2　单击【修改】工具栏上的【移动】按钮✛，或执行【修改】/【移动】菜单命令，即执行 move 命令，AutoCAD 提示如下。

> 选择对象：（选择图 8-30 的虚线部分）
> 选择对象：✓
> 指定基点或[位移(D)] <位移>：（任意拾取一点）
> 指定第二个点或 <使用第一个点作为位移>：@0，-30✓

执行结果如图 8-31 所示。

### 8．填充剖面线

单击【绘图】工具栏上的【图案填充】按钮🖾，或执行【绘图】/【图案填充】菜单命令，即执行 bhatch 命令，填充图案选择 ANSI31，填充角度为 0，填充比例为 0.5，拾取两个圆为填充边界，填充结果如图 8-32 所示。

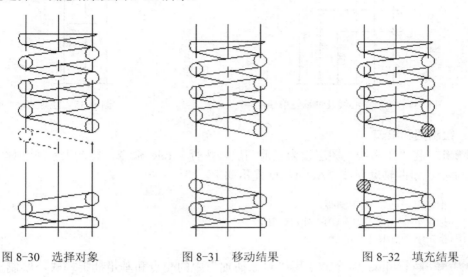

图 8-30 选择对象　　　　　图 8-31 移动结果　　　　　图 8-32 填充结果

# 8.3 绘制轴承

**【例 8-3】** 绘制深沟球轴承。

绘制深沟球轴承，如图 8-33 所示。

本节绘制 GB/T276—1994 型深沟球轴承，轴承型号为 6220，通过查表得知 d=100mm、D=180mm、B=34mm、A=40mm、r= 2.1mm，深沟球轴承简化画法如图 8-33 所示。

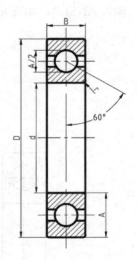

图 8-33 深沟球轴承

### 操作步骤

**1．创建新图形**

首先创建新图形，参照本书前面介绍的知识进行图层设置和图框绘制等操作，或直接以云盘中的文件"Gb-a3-v.dwt"为样板建立新图形。

**2．绘制中心线及轴承轮廓线**

将"中心线"图层设为当前图层，执行 line 命令，采用"对象捕捉"中的中点捕捉模式，绘制长度为 50mm 的水平中心线和长度为 100mm 的垂直中心线，垂直中心线通过水平中心线中点向上。然后将水平中心线向上分别偏移 50mm、70mm、90mm，将垂直中心线分别向左右各偏移 17mm，执行结果如图 8-34 所示。

**3．修剪**

参照图 8-35，对图 8-34 进行修剪。通过【图层】工具栏，将图 8-34 中表示轴承轮廓线的线段从"中心线"图层更改到"粗实线"图层，执行结果如图 8-35 所示。

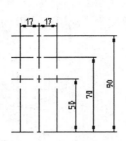

图 8-34　绘制中心线及轴承轮廓线

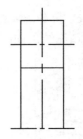

图 8-35　修剪结果

**4．绘制圆和滚道**

步骤 1　将"粗实线"图层设为当前图层，执行 circle 命令，绘制表示滚动体的圆。执行 line 命令，绘制辅助斜线，AutoCAD 提示如下。

> 指定第一点：（捕捉圆心）
> 指定下一点或 [放弃(U)]：@12<-30✓
> 指定下一点或 [放弃(U)]：✓

步骤 2　执行 line 命令，采用"对象捕捉"中的交点和垂足捕捉模式，绘制直线，如图 8-36 所示。

步骤 3　将所绘制的直线分别按水平和垂直中心线镜像，然后删除辅助斜线，最后将内外圈的直线按半径 r =2.1mm 进行圆角和修剪，执行结果如图 8-37 所示。

**5．镜像和填充**

选择所有中心线以上的对象，按中心线镜像，然后对轴承内外圈进行填充，将填充图案选择为 ANSI31，填充角度为 0，填充比例为 1，执行结果如图 8-38 所示。

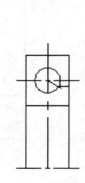

图 8-36　绘制直线

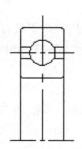

图 8-37　镜像、圆角和修剪

图 8-38　镜像和填充

# 8.4　习题

（1）绘制如图 8-39 所示的螺钉。

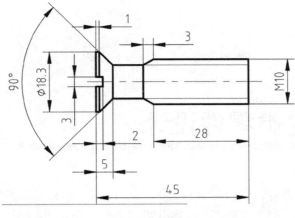

图 8-39　螺钉

（2）绘制如图 8-40 所示的压板。

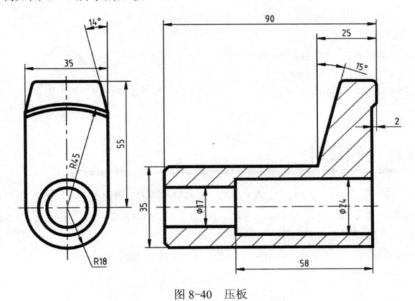

图 8-40　压板

# 第9章 轮类零件设计

轮类零件包括很多种，例如各种类型的齿轮、带轮、链轮等，齿轮是应用最广的传递运动的零件之一，齿轮的类型很多，主要有圆柱齿轮、锥齿轮、蜗轮等，带轮和链轮都是通过中间挠性件（带或链）传递运动的，适用于两轴中心距较大的场合，与齿轮相比，它们的结构简单，因此，带轮和链轮也是常用的传动零件。

本章主要介绍直齿圆柱齿轮、V 带轮和圆锥齿轮的绘制方法。

📖 **重点知识**
- 复习和掌握基本绘图和编辑命令
- 掌握零件尺寸的合理标注
- 掌握绘制零件图的基本思路

## 9.1 圆柱直齿轮设计

圆柱齿轮包括圆柱直齿轮和圆柱斜齿轮，本节讲解圆柱直齿轮的绘制方法。圆柱直齿轮的主要参数包括齿数、模数、齿高、齿距、齿厚、分度圆直径等，可以通过《机械设计手册》查得。圆柱直齿轮的绘制思路如下。

（1）首先绘制左视图，主要包括轮齿部分、轮辐部分和轮芯部分。

（2）然后绘制主视图。

（3）最后标注各种尺寸和填写标题栏。

下面绘制如图 9-1 所示的圆柱直齿轮。

🔍 **操作步骤**

**1. 创建新图形**

首先创建新图形，参照本书前面介绍的知识进行图层设置和图框绘制等操作，或直接以云盘中的文件"Gb-a3-h.dwt"为样板建立新图形。

**2. 绘制中心线和左视图中各圆**

**步骤 1** 执行 line 命令，在"中心线"图层分别绘制长度约为 350mm 的水平中心线和长度约为 210mm 的垂直中心线，绘制直径为 198mm 的分度圆。

**步骤 2** 在"粗实线"图层绘制一组直径分别为 40mm（中心圆）、44mm（倒角圆）、61mm（倒角圆）、65mm、80mm（辅助圆）、160mm（辅助圆）、175mm、179mm（倒角圆）和 204mm 的同心圆，执行结果如图 9-2 所示。

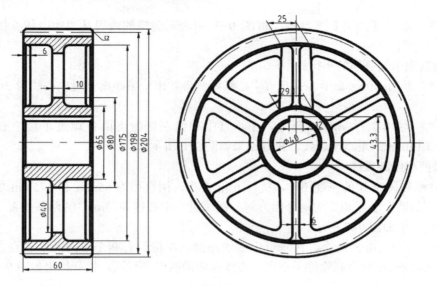

图 9-1 圆柱直齿轮

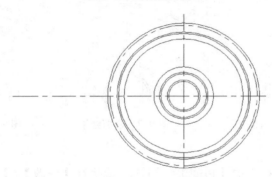

图 9-2 绘制中心线和同心圆

### 3. 绘制左视图中的键槽

步骤 1 单击【修改】工具栏上的【偏移】按钮 ⏚，或执行【修改】/【偏移】菜单命令，即执行 offset 命令，在垂直中心线两侧各做出一条距离垂直中心线为 6mm 的两条平行线。继续执行 offset 命令，在水平中心线上方做出一条距离水平中心线为 23.3mm 的平行线，执行结果如图 9-3 所示。

步骤 2 单击【修改】工具栏上的【修剪】按钮 -/-，或执行【修改】/【修剪】菜单命令，即执行 trim 命令，根据图 9-4 选择剪切边，执行结果如图 9-5 所示。

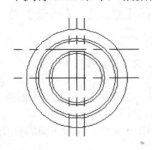
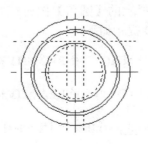
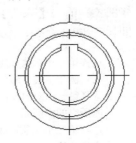

图 9-3 绘制平行线　　　图 9-4 选择剪切边　　　图 9-5 修剪结果

**步骤 3** 通过【图层】工具栏，将图 9-5 中表示键槽的线段从"中心线"图层更改到"粗实线"图层。

### 4. 绘制表示加强筋的平行线

**步骤 1** 执行 offset 命令，在垂直中心线两侧各做出一条距离垂直中心线为 3mm 的两条平行线。

**步骤 2** 继续执行 offset 命令，在垂直中心线左侧做出两条距离垂直中心线分别为 12.5mm 和 15mm 的垂直平行线，执行结果如图 9-6 所示。

### 5. 修剪和绘制直线

**步骤 1** 在图 9-6 的左视图中，执行 trim 命令，用直径为 65mm 和 175mm 的圆（垂直中心线右侧与两个小圆相交的两个圆）对与距离垂直中心线为 3mm 的两条垂直平行线进行修剪，执行结果如图 9-7 所示。

**步骤 2** 执行 line 命令，在垂直中心线左侧，在标记有两个小圆的中心点之间绘制直线，然后执行 erase 命令删除位于垂直中心线左侧的两条平行线，执行结果如图 9-8 所示。

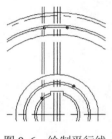 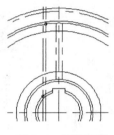 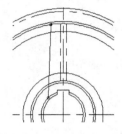

图 9-6　绘制平行线　　　　图 9-7　修剪结果　　　　图 9-8　绘制直线

### 6. 镜像

单击【修改】工具栏上的【镜像】按钮，或执行【修改】/【镜像】菜单命令，即执行 mirror 命令，AutoCAD 提示如下。

选择对象：（选择图 9-8 中的斜线）
选择对象：↙
指定镜像线的第一点：（捕捉图 9-8 中的圆心）
指定镜像线的第二点：@20<120↙（通过相对坐标确定镜像线的另一点）
是否删除源对象?[是(Y)/否(N)]<N>：↙

执行结果如图 9-9 所示。

### 7. 创建圆角

**步骤 1** 单击【修改】工具栏上的【圆角】按钮，或执行【修改】/【圆角】菜单命令，即执行 fillet 命令，AutoCAD 提示如下。

选择第一个对象或[放弃(U)/多段线(P)/半径(R)/修剪(T)/多个(M)]：R↙（设置圆角半径）
指定圆角半径：5↙
选择第一个对象或[放弃(U)/多段线(P)/半径(R)/修剪(T)/多个(M)]：（在图 9-9 中，拾取上面的小圆圈所交的大圆）
选择第二个对象，或按住 Shift 键选择要应用角点的对象：（在图 9-9 中，拾取下面的小圆圈所交的直线）

重复执行 fillet 命令，结果如图 9-10 所示。

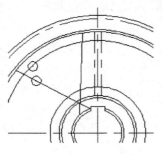

图 9-9　镜像结果

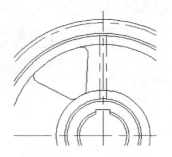

图 9-10　创建轮辐孔圆角

**步骤 2** 再重复执行 fillet 命令，画出加强筋的轮廓圆角，执行结果如图 9-11 所示。

### 8. 修剪

单击【修改】工具栏上的【修剪】按钮 -/- ，或执行【修改】/【修剪】菜单命令，即执行 trim 命令，AutoCAD 提示如下。

> 选择剪切边…
> 选择对象或<全部选择>：(选择图 9-11 中半径为 5mm 的 4 个圆弧，如图 9-11 中的虚线所示)
> 选择对象：✓
> 选择要修剪的对象，或按住 Shift 键选择要延伸的对象，或[栏选(F)/窗交(C)/投影(P)/边(E)/删除(R)/放弃(U)]：(参照图 9-12，在所拾取圆弧之外拾取对应的圆)
> 选择要修剪的对象，或按住 Shift 键选择要延伸的对象，或[栏选(F)/窗交(C)/投影(P)/边(E)/删除(R)/放弃(U)]：✓

执行结果如图 9-12 所示。

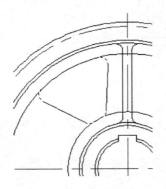

图 9-11　加强筋的轮辐孔圆角

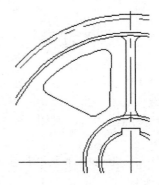

图 9-12　修剪结果

### 9. 更改图层

通过【图层】工具栏，将图 9-12 中对称于垂直中心线的两条平行线从"中心线"图层更改到"粗实线"图层。

### 10. 阵列

**步骤 1** 单击【修改】工具栏上的【阵列】按钮 ，有三种阵列类型，包括矩形阵列、路径阵列、环形阵列，如图 9-13 所示。

**步骤 2** 选中【环形阵列】单选按钮来进行环形阵列的设置；单击【选择对象】按钮

选择对应的阵列对象（虚线对象所示）；捕捉两中心线的交点为阵列中心；阵列项数为 6；填充角度为 360°。单击对话框中的 确定 按钮，完成阵列操作，结果如图 9-14 所示。

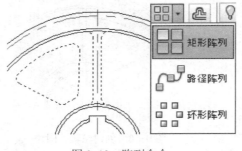

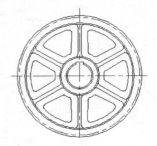

图 9-13　阵列命令　　　　　　　　　　　　图 9-14　阵列结果

这样就完成了左视图的绘制，下面绘制主视图。

### 11. 绘制垂直线和辅助线

在主视图位置绘制各对应垂直平行线，并分别在"中心线"图层和"粗实线"图层从左视图向主视图绘制对应的辅助线，绘制与顶线距离为 6.75mm 的平行线，如图 9-15 所示。

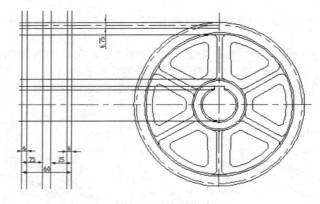

图 9-15　绘制直线

### 12. 修剪

**步骤 1** 参照图 9-1，对图 9-15 中的主视图进行修剪，修剪确定的剪切边如图 9-16 所示。

**步骤 2** 执行 break 命令和夹点功能，将主视图中表示分度圆的中心线改短，执行结果如图 9-17 所示。

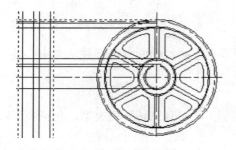

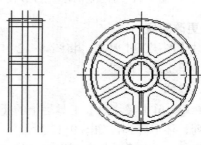

图 9-16　确定的剪切边　　　　　　　　　　图 9-17　修剪结果

**13. 倒角**

步骤 1 单击【修改】工具栏上的【倒角】按钮 ，或执行【修改】/【倒角】菜单命令，即执行 chamfer 命令，将图 9-18 所对应局部图形的上端按倒角距离为 2mm 进行倒角。执行结果如图 9-19 所示。

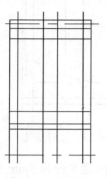
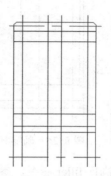

图 9-18 局部放大 　　　　　　　　　　　　　　图 9-19 倒角结果

步骤 2 执行 chamfer 命令，继续倒角，执行结果如图 9-20 所示，修剪和绘制直线后得到如图 9-21 所示的结果。同样对右侧进行处理，得到的结果如图 9-22 所示。

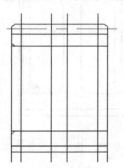

图 9-20 继续倒角结果 　　　　　　　　　　　图 9-21 修剪和绘制直线

**14. 创建圆角并进行修剪**

步骤 1 单击【修改】工具栏上的【圆角】按钮 ，或执行【修改】/【圆角】菜单命令，即执行 fillet 命令，创建半径为 5mm 的圆角，执行结果如图 9-23 所示。

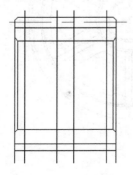
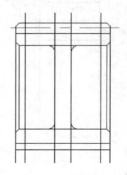

图 9-22 对另一侧倒角 　　　　　　　　　　　图 9-23 创建圆角

步骤 2 单击【修改】工具栏上的【修剪】按钮 ，或执行【修改】/【修剪】菜单命令，即执行 trim 命令，选择要修剪的对象，参照图 9-24，执行结果如图 9-25 所示。

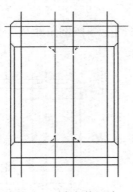
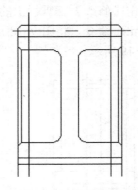

图 9-24　确定剪切边　　　　　　　　　图 9-25　修剪结果

**步骤 3** 执行 fillet 命令，参照图 9-26 中对应的位置，创建半径为 3mm 的圆角。进一步修剪，得到如图 9-27 所示的结果，整体图形如图 9-28 所示。

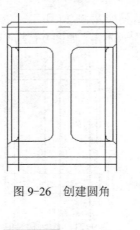
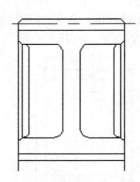

图 9-26　创建圆角　　　　　　　　　图 9-27　进一步修剪结果

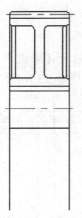
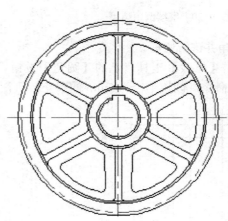

图 9-28　整体图形

### 15．倒角

参照图 9-1，对图 9-28 的主视图中表示内孔的直线进行类似的倒角处理，得到的结果如图 9-29 所示。

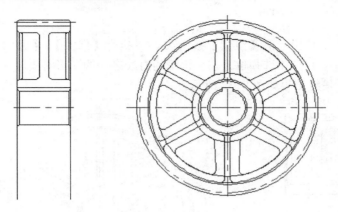

图 9-29　倒角结果

### 16．在筋板上绘制表示孔的直线

**步骤 1**　首先在左视图中绘制辅助圆，然后再绘制对应的辅助直线，执行结果如图 9-30 所示。

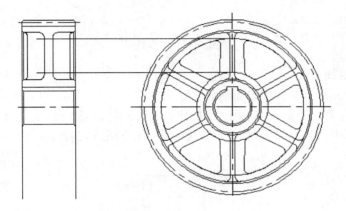

图 9-30　绘制辅助圆与辅助直线

**步骤 2**　执行 trim 命令，对图 9-30 进行修剪，然后再删除图中的辅助线，得到的结果如图 9-31 所示。

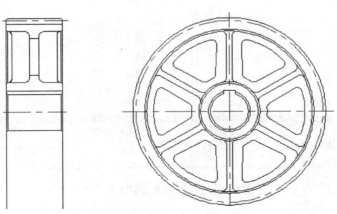

图 9-31　修剪结果

### 17. 镜像

单击【修改】工具栏上的【镜像】按钮⚖，或执行【修改】/【镜像】菜单命令，即执行 mirror 命令，在主视图中选择位于表示键槽的直线之上的图形对象，通过主视图中的水平中心线进行镜像，最终结果如图 9-32 所示。

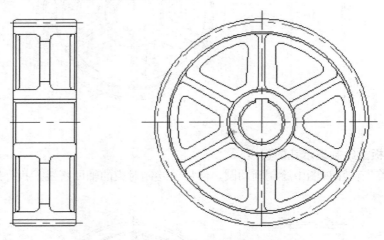

图 9-32　镜像结果

### 18. 填充剖面线

**步骤 1**　将"剖面线"图层设为当前图层。

**步骤 2**　单击【绘图】工具栏上的【图案填充】按钮▨，或执行【绘图】/【图案填充】菜单命令，即执行 bhatch 命令，打开【图案填充创建】选项卡，在该选项卡中进行相关的设置，如图 9-33 所示。

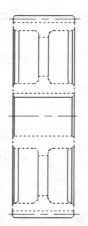

图 9-33　【图案填充创建】选项卡

**步骤 3**　从图 9-33 中可以看出，将填充图案选择为 ANSI31，填充角度为 0，填充比例为1，并通过拾取点按钮 ，确定如图中的虚线区域所示的填充边界。

> **步骤 4** 单击对话框中的 按钮，完成图案的填充，执行结果如图 9-34 所示。

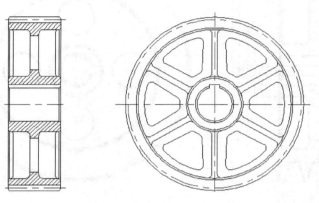

图 9-34 填充剖面线

下面来标注尺寸。

> 说明：本齿轮有许多尺寸，在此仅标注一个典型尺寸：水平尺寸 25。

### 19. 标注尺寸界线倾斜的水平尺寸 25

> **步骤 1** 将"尺寸标注"图层设为当前图层。

> **步骤 2** 为标注左视图中尺寸界线倾斜的水平尺寸 25，在"细实线"图层绘制延伸辅助线，如图 9-35a 所示。再以斜线与圆的交点为尺寸界线的起始点，标注水平尺寸，如图 9-35b 所示。

> **步骤 3** 执行【标注】/【倾斜】菜单命令，AutoCAD 提示如下。

选择对象：（选择图 9-35b 中的尺寸 25）
输入倾斜角度(按 Enter 键表示无)：-60↙

执行结果如图 9-35c 所示。

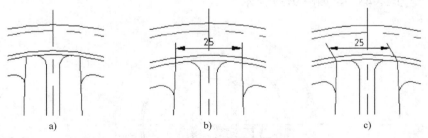

a)                    b)                    c)

图 9-35 标注尺寸界线倾斜的尺寸

a) 绘制辅助斜线  b) 标注尺寸  c) 尺寸线倾斜

## 9.2 带轮设计

绘制 V 型皮带轮，如图 9-36 所示。

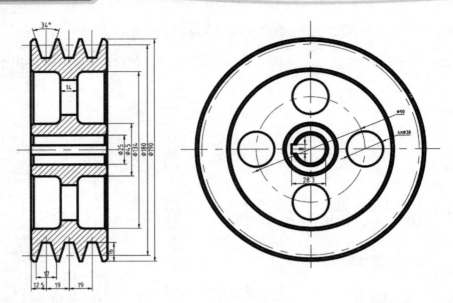

图 9-36   V 型皮带轮

操作步骤

### 1．创建新图形

首先创建新图形，参照本书前面介绍的知识进行图层设置和图框绘制等操作，或直接以云盘中的文件"Gb-a3-h.dwt"为样板建立新图形。

### 2．绘制中心线

**步骤 1** 将"中心线"图层设为当前图层。

**步骤 2** 执行 line 命令，根据图 9-36 所示，分别绘制长度约为 380mm 的水平中心线和长度约为 210mm 的垂直中心线。

### 3．绘制左视图

根据图 9-36 所示，在对应图层绘制左视图中对应的各图形，图中给出了主要尺寸，其中倒角尺寸均为 2×45°，如图 9-37 所示。

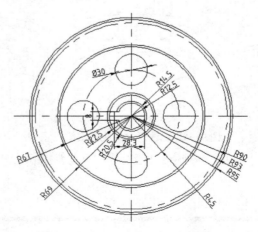

图 9-37   左视图中对应的各图形

## 4．绘制主视图

**步骤 1** 在主视图位置绘制对应的 4 条垂直线，尺寸如图 9-38 所示。

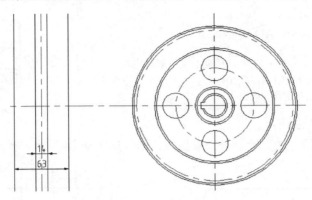

图 9-38 绘制垂直线

**步骤 2** 从左视图向主视图绘制平行辅助线，如图 9-39 所示。

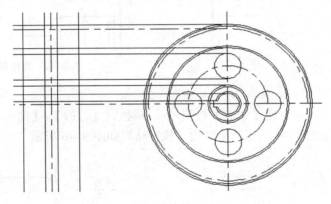

图 9-39 绘制平行辅助线

## 5．修剪

执行 trim 命令，对主视图上半部分进行修剪，得到的结果如图 9-40 所示。

## 6．倒角、创建圆角等

对主视图进行倒角（尺寸均为 $2 \times 45°$）、创建圆角等操作，结果如图 9-41 所示。

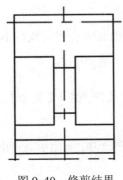

图 9-40 修剪结果

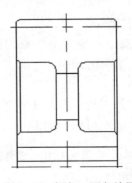

图 9-41 倒角、圆角结果

### 7．绘制轮槽

下面绘制主视图中的轮槽的一个槽，具体尺寸如图 9-42 所示，然后绘制槽的斜边。

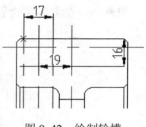

图 9-42　绘制轮槽

执行 line 命令，AutoCAD 提示如下。

指定第一点：（在图 9-42 中，捕捉小叉位置的点）
指定下一点或[放弃(U)]：@20<-73✓
指定下一点或[放弃(U)]：✓

执行结果如图 9-43 所示。

步骤 1　用镜像的方法，绘制另一条斜线，结果如图 9-44 所示。

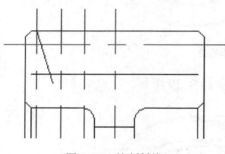

图 9-43　绘制斜线

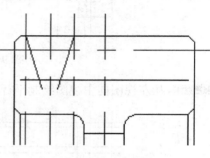

图 9-44　镜像斜线

### 8．修剪

单击【修改】工具栏上的【修剪】按钮 ⊬，或执行【修改】/【修剪】菜单命令，即执行 trim 命令，选择如图 9-45 所示的剪切边，执行结果如图 9-46 所示。

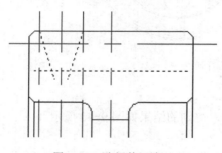

图 9-45　选择剪切边

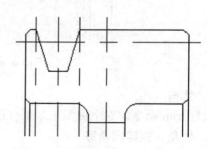

图 9-46　修剪结果

### 9．删除和打断

执行 erase 命令，删除图 9-46 中位于槽两侧的垂直辅助中心线；执行 break 命令，打断槽的对称线，如图 9-47 所示。

### 10．复制

单击【修改】工具栏上的【复制】按钮 ❣，或执行【修改】/【复制】菜单命令，即执行 copy 命令，AutoCAD 提示如下。

选择对象：（在图 9-47 中，选择表示轮槽的两条斜线和水平线，如图 9-48 中的虚线对象所示）
选择对象：✓
指定基点或[位移(D)]<位移>：（在绘图屏幕上任意拾取一点）
指定第二个点或<使用第一个点作为位移>：@19，0✓

指定第二个点或[退出(E)/放弃(U)]<退出>：@38，0↙
指定第二个点或[退出(E)/放弃(U)]<退出>：↙

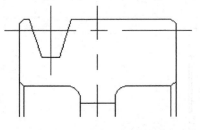

图9-47　删除和打断结果

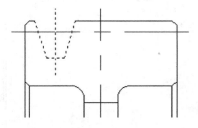

图9-48　选择复制对象

执行结果如图9-49所示。

## 11．修剪和镜像

对图9-49做进一步的修剪，得到的结果如图9-50所示。

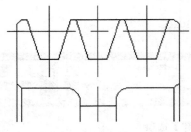

图9-49　复制结果

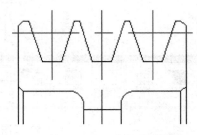

图9-50　进一步修剪的结果

## 12．镜像

对主视图中表示轮槽的轮廓相对于其水平中心线做镜像，而后进行必要的修剪，得到的结果如图9-51所示。

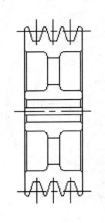

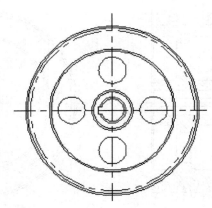

图9-51　镜像结果

## 13．填充剖面线

步骤 1　将"剖面线"图层设为当前层。

步骤 2　单击【绘图】工具栏上的【图案填充】按钮 ，或执行【绘图】/【图案填充】菜单命令，即执行bhatch命令，打开【图案填充创建】对话框，在该对话框中进行相关设置，如图 9-52 所示。设置填充图案为 ANSI31，填充角度为 0，填充比例为 1，并通过【拾取点】按钮⊞确定对应的虚线区域所示的填充边界。

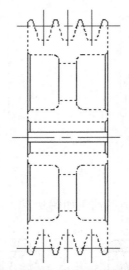

图 9-52　【图案填充创建】选项卡

单击对话框中的　✕关闭图案填充创建　按钮，完成图案的填充，结果如图 9-53 所示。至此，完成图形的绘制。

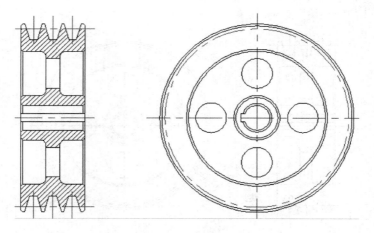

图 9-53　填充结果

### 14．标注角度尺寸

步骤 1　将"尺寸标注"图层设为当前图层。

步骤 2　单击【标注】工具栏上的【角度】按钮△，或执行【标注】/【角度】菜单命令，即执行 dimangular 命令，AutoCAD 提示如下。

选择圆弧、圆、直线或<指定顶点>：（在图 9-53 的左视图中，在位于左上角位置的轮槽处拾取一轮槽斜线）

选择第二条直线：（拾取同一轮槽的另一条斜线）

指定标注弧线位置或[多行文字(M)/文字(T)/角度(A)/象限点(Q)]：（拖动鼠标，使尺寸线移动到合适位置后，单击鼠标左键）

执行结果如图 9-54 所示。

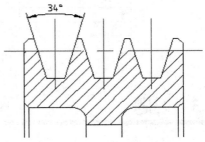

图 9-54　标注角度尺寸

### 15．标注技术要求

步骤 1　将"文字标注"图层设为当前图层。

步骤 2　单击【绘图】工具栏上的【多行文字】
按钮 A，或执行【绘图】/【多行文字】菜单命令，
即执行 mtext 命令，AutoCAD 提示如下。

指定第一角点：（在恰当的位置拾取标注位置的一
点，作为标注区域的第一角点位置）

指定对角点或[高度(H)/对正(J)，行距(L)/旋转(R)/样式(S)/宽度(W)/栏(C)]：（在恰当的位置拾取另一角点位置）

弹出文字编辑器，从中输入要标注的文字，如图 9-55 所示。

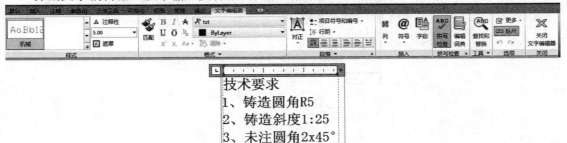

图 9-55　利用文字编辑器输入文字

### 16．填写标题栏

步骤 1　双击标题栏块，打开如图 9-56 所示的【增强属性编辑器】对话框，利用该对话框根据提示输入对应的属性值。

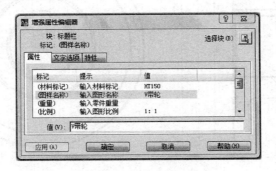

图 9-56　【增强属性编辑器】对话框

步骤 2　单击【确定】按钮 确定 ，完成标题栏的填写，如图 9-57 所示。

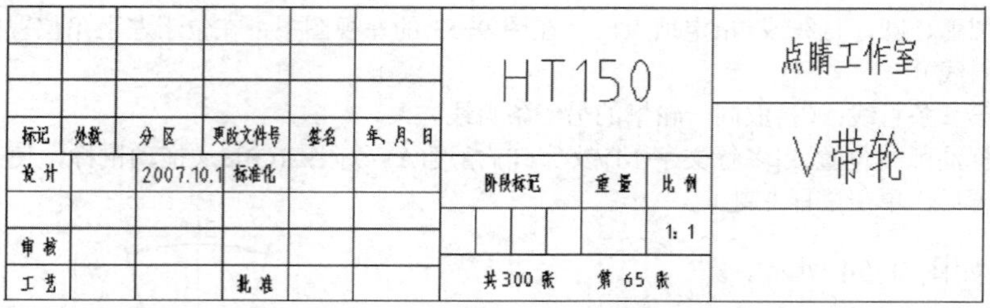

HT150
点睛工作室
V带轮
标记
处数
分区
更改文件号
签名
年、月、日
设计
2007.10.1
标准化
阶段标记
重量
比例
1:1
审核
工艺
批准
共300张
第65张

图 9-57　填写标题栏内容

## 9.3　习题

（1）绘制如图 9-58 所示的齿轮并标注尺寸。

C1
C1
C1
C1
8
Φ62
Φ58
Φ25
Φ42
28
R3
15
25

图 9-58　齿轮

（2）绘制如图 9-59 所示的链轮并标注尺寸。

11.94
R20.3
R5
Φ85
Φ140.08
Φ151.99
Φ161
M8
20
65
14
53.8
Φ50

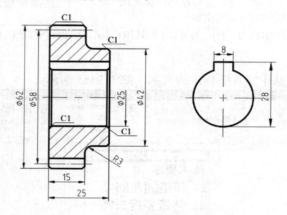

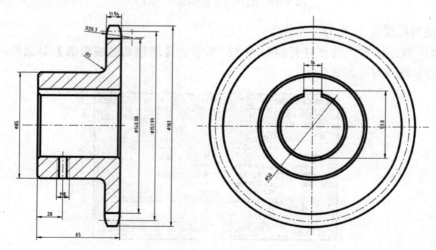

图 9-59　链轮

# 第 10 章   盘盖类零件设计

盘盖类零件是比较常见的机械零件，其结构参数需要根据具体的情况进行设计，盘盖类零件包括各种连接盘、法兰盘以及端盖等。盘盖类零件一般按形状特征和加工位置选择主视图。盘盖类零件一般需要两个视图，根据不同的结构形状还可以用移出剖面或重合剖面表示。

本章主要介绍齿轮泵前盖、齿轮泵后盖、法兰盘的绘制方法和尺寸标注。

📖 **重点知识**
- 复习和掌握基本绘图和编辑命令
- 掌握表面粗糙度的标注
- 掌握剖面视图的分析与选择

## 10.1   绘制齿轮泵前盖

绘制齿轮泵前盖，如图 10-1 所示。

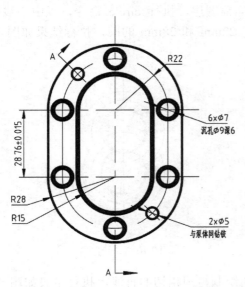

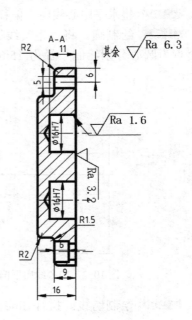

图 10-1   齿轮泵前盖

## 绘制方法

（1）以过中心轴线的阶梯剖视图为主视图，并把中心轴线水平放置。

（2）用左视图来表示盘盖的孔、槽等结构在圆周上的分布情况。

## 操作步骤

### 1．创建新图形

首先创建新图形，参照本书前面介绍的知识进行图层设置和图框绘制等操作，或直接以云盘中的文件"Gb-a3-h.dwt"为样板建立新图形。

### 2．绘制主视图

**步骤 1** 绘制中心线。将"中心线"图层设为当前图层，执行 line 命令，在"中心线"图层绘制两条长度约为 70mm 的水平中心线和一条长度约为 110mm 的垂直中心线，两条水平中心线的距离为 28.76mm。

**步骤 2** 单击【绘图】工具栏上的【直线】按钮，或执行【绘图】/【直线】菜单命令，即在命令行执行 line 命令，AutoCAD 提示如下。

    指定第一点：（在合适的位置拾取一点）
    指定下一点或[放弃(U)]：@70,0（采用相对坐标）✓
    指定下一点或[放弃(U)]：✓

**步骤 3** 继续执行 line 命令。

    指定第一点：（在水平中心线的中点上方约 40mm 处拾取一点）
    指定下一点或[放弃(U)]：@0，-110（采用相对坐标）✓
    指定下一点或[放弃(U)]：✓

**步骤 4** 将水平中心线向下偏移 28.76mm，执行结果如图 10-2 所示。

**步骤 5** 绘制圆。将"粗实线"图层设为当前图层。执行 circle 命令，以中心线的两个交点为圆心分别绘制半径为 15mm、16mm、22mm 和 28mm 的圆，执行结果如图 10-3 所示。

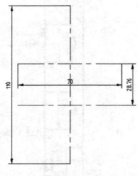

图 10-2　中心线向下偏移

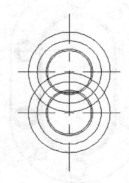

图 10-3　绘制圆

**步骤 6** 绘制切线。执行 line 命令，分别绘制与圆相切的直线，执行结果如图 10-4 所示。

步骤 7　修剪。执行 trim 命令，对多余的直线进行修剪，并将修剪后的半径为 22mm 的圆弧和其切线设置为"中心线"层，执行结果如图 10-5 所示。

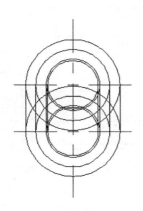

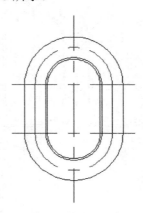

图 10-4　绘制切线　　　　　　　　　　　图 10-5　修剪结果

步骤 8　绘制螺栓孔和销孔。执行 circle 命令，按如图 10-6 所示尺寸分别绘制螺栓孔和销孔，并利用夹点功能将销孔的中心线缩短到合适的长度，完成齿轮泵前盖主视图的设计，执行结果如图 10-7 所示。

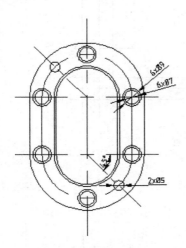

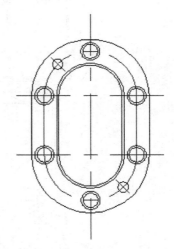

图 10-6　绘制螺栓孔和销孔　　　　　　　图 10-7　调整销孔中心线长度

### 3．绘制齿轮泵前盖剖视图

步骤 1　绘制辅助线。执行 line 命令，以主视图中的相关的特征点为起点，分别在"中心线"层和"粗实线"层利用"正交"功能绘制水平辅助线，执行结果如图 10-8 所示。

步骤 2　绘制剖视图轮廓线。执行 line 命令，绘制一条与水平辅助直线相交的垂直直线。执行 offset 命令，将垂直直线向左分别偏移 9mm 和 16mm，执行结果如图 10-9 所示。然后执行 trim 命令，修剪多余直线，并利用夹点功能将中心线缩短到合适的长度，执行结果如图 10-10 所示。

步骤 3　倒圆角。执行 fillet 命令，在如图 10-10 所示的图中的点 1 处绘制半径为 1.5mm 的圆角，点 2 处绘制半径为 2mm 的圆角，执行结果如图 10-11 所示。

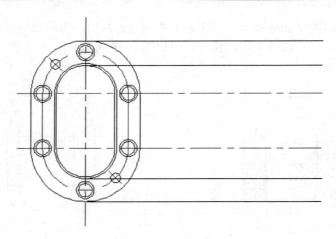

图 10-8　绘制辅助线

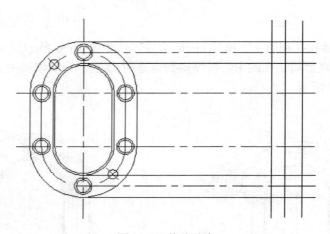

图 10-9　偏移垂线

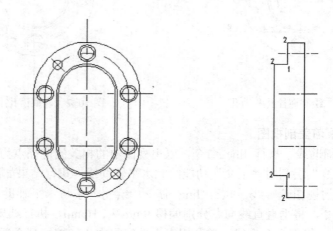

图 10-10　修剪

步骤 4 绘制销孔和螺栓孔。执行 offset 命令，将直线 1 分别向两侧偏移 2.5mm，将直线 2 分别向两侧偏移 3.5mm 和 4.5mm，将右侧的竖直直线向左偏移 3mm，执行结果如

图 10-12 所示。执行 trim 命令，对多余的直线进行修剪，通过【图层】工具栏，将图 10-12 中表示孔的线段从"中心线"图层更改到"粗实线"图层，执行结果如图 10-13 所示。

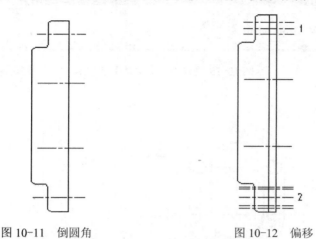

图 10-11 倒圆角　　　　　　图 10-12 偏移

**步骤 5** 绘制轴孔。执行 offset 命令，将直线 3 分别向两侧偏移 8mm，通过【图层】工具栏，将偏移的线段从"中心线"图层更改到"粗实线"图层，将右侧的垂直直线向左偏移 11mm。执行 trim 命令，对多余的直线进行修剪；执行 line 命令，绘制轴孔端 120°锥角；执行 offset 命令，以两端垂直直线的中点的连线为镜像线，对轴孔进行镜像处理，执行结果如图 10-14 所示。

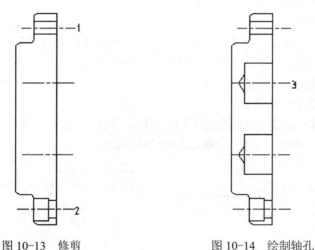

图 10-13 修剪　　　　　　图 10-14 绘制轴孔

**步骤 6** 填充剖面线。将"剖面线"图层设为当前图层。

**步骤 7** 单击【绘图】工具栏上的【图案填充】按钮，或执行【绘图】/【图案填充】菜单命令，即执行 bhatch 命令，打开【图案填充创建】选项卡，在该选项卡中进行相关设置，如图 10-15 所示。

**步骤 8** 从图 10-15 中可以看出，将填充图案选择为 ANSI31，填充角度为 0，填充比例为 1，并通过【添加：拾取点】按钮，确定对应的填充边界。单击对话框中的 关闭 按钮，完成图案的填充，执行结果如图 10-16 所示。

图 10-15 【图案填充创建】选项卡

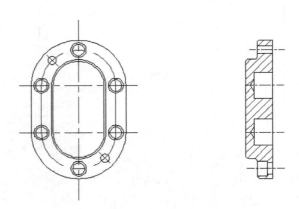

图 10-16 填充结果

### 4. 标注尺寸

将"尺寸标注"图层设置为当前图层。

### 5. 主视图尺寸标注

步骤 1 标注样式设置。在【标注】工具栏中，单击【标注样式】按钮，将如图 10-17 所示的"尺寸-35"标注样式设置为当前使用的标注样式。

步骤 2 在【标注】工具栏中，单击"半径"标注按钮，对主视图中的半圆进行尺寸标注，执行结果如图 10-18 所示。

步骤 3 单击【标注】工具栏上的【直径】按钮，或执行【标注】/【直径】菜单命令，即在命令行执行 dimdiameter 命令，AutoCAD 提示如下。

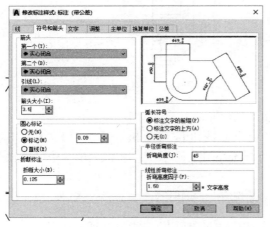
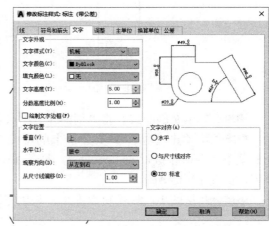

图 10-17 标注样式设置

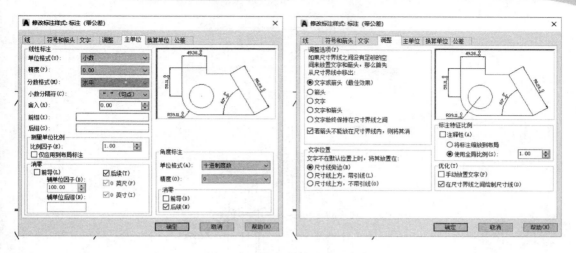

图 10-17 标注样式设置（续）

选择圆弧或圆：（拾取螺栓孔圆）
指定尺寸线位置或 [多行文字(M)/文字(T)/角度(A)]：T↵
输入标注文字 <7>：6x%%C7↵
指定尺寸线位置或 [多行文字(M)/文字(T)/角度(A)]：（拾取恰当的位置）

继续执行上述命令标注销孔，执行结果如图 10-19 所示。

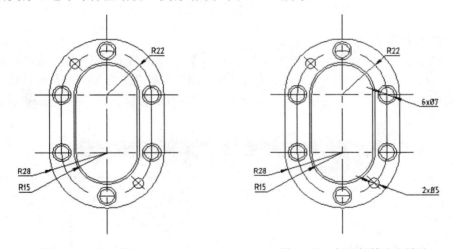

图 10-18 尺寸标注　　　　　　　　图 10-19 标注螺栓孔和销孔

**步骤 4** 单击【绘图】工具栏上的【多行文字】按钮 **A**，或执行【绘图】/【文字】/【多行文字】菜单命令，即在命令行执行 mtext 命令，AutoCAD 提示如下。

指定第一角点：（拾取螺栓孔直径标注线下面合适的点）
指定对角点或 [高度(H)/对正(J)/行距(L)/旋转(R)/样式(S)/宽度(W)/栏(C)]：（拾取合适的点）

出现如图 10-20 所示的【文字格式】对话框，输入"沉孔φ9 深 6"后，单击右上角的 **确定** 按钮。

**步骤 5** 重复上述命令标注销孔文字，执行结果如图 10-21 所示。

图 10-20 【文字格式】对话框

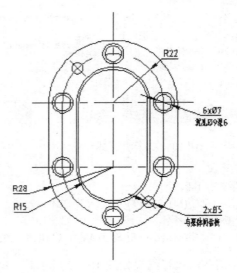

图 10-21 标注文字

### 6. 替代标注样式

步骤 1　执行【格式】菜单中的【标注样式】命令，打开【标注样式管理器】对话框，选择"尺寸-35"样式，单击【替代】按钮，打开【替代当前样式】对话框，在【公差】选项卡的【公差格式】选项组中进行如图 10-22 所示的设置后，单击[ 确定 ]按钮退出对话框。

图 10-22 替代当前样式的设置

**步骤 2** 执行【标注线性】命令 dimlinear，标注水平轴线之间的距离，执行结果如图 10-23 所示。

### 7. 剖视图尺寸标注

**步骤 1** 在【标注】工具栏中单击【标注样式】按钮，将图 10-17 所示的"尺寸-35"标注样式设置为当前使用的标注样式。

**步骤 2** 单击【标注】工具栏上的【线性】按钮，或执行【标注】/【线性】菜单命令，即在命令行执行 dimlinear 命令，AutoCAD 提示如下。

```
指定第一条尺寸界线原点或 <选择对象>：（拾取上面轴孔廓线对应的交点）
指定第二条尺寸界线原点：（拾取上面轴孔廓线对应的交点）
指定尺寸线位置或[多行文字(M)/文字(T)/角度(A)/水平(H)/垂直(V)/旋转(R)]：t ✓
输入标注文字 <16>：%%C16H7 ✓
指定尺寸线位置或[多行文字(M)/文字(T)/角度(A)/水平(H)/垂直(V)/旋转(R)]：（选择合适的位置
    后，单击鼠标左键）
```

重复上述命令标注下面的轴孔。

**步骤 3** 执行【线性】标注命令 dimlinear，标注其他的距离，执行【半径】标注命令 dimlinear，标注圆角半径，执行结果如图 10-24 所示。

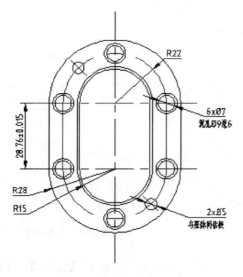

图 10-23　标注水平轴线公差尺寸

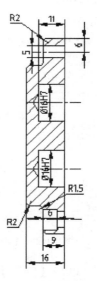

图 10-24　剖视图尺寸标注

**步骤 4** 在主视图中的销孔和垂直中心线位置绘制"剖切符号"，单击【绘图】工具栏上的【多段线】按钮，或执行【绘图】/【多段线】菜单命令，即在命令行执行 pline 命令，AutoCAD 提示如下。

```
指定起点：（拾取垂直轴线的下面的端点）
当前线宽为 0.00
指定下一个点或 [圆弧(A)/半宽(H)/长度(L)/放弃(U)/宽度(W)]：（向左选择合适的距离拾取一点）
指定下一点或 [圆弧(A)/闭合(C)/半宽(H)/长度(L)/放弃(U)/宽度(W)]：w✓
指定起点宽度 <0.00>：1.5✓
指定端点宽度 <1.50>：0✓
```

指定下一点或 [圆弧(A)/闭合(C)/半宽(H)/长度(L)/放弃(U)/宽度(W)]：（向左拖动箭头选择恰当的点）

指定下一点或 [圆弧(A)/闭合(C)/半宽(H)/长度(L)/放弃(U)/宽度(W)]：✓

启用极轴追踪，如图 10-25 所示，设定增量角为 45°，参照上面的步骤，在销孔右上方绘制多段线。

**步骤 5** 单击【绘图】工具栏上的【多行文字】按钮 **A**，或执行【绘图】/【文字】/【多行文字】菜单命令，即在命令行执行 mtext 命令，在箭头和剖视图中标记文字 A 和 A—A。

### 8．创建表面粗糙度图形块

**步骤 1** 单击【绘图】工具栏上的【直线】按钮，或执行【绘图】/【直线】菜单命令，即执行 line 命令，AutoCAD 提示如下。

指定第一点：（在恰当的位置拾取一点）
指定下一点或 [放弃(U)]：@6<180✓
指定下一点或 [放弃(U)]：@6<-60✓
指定下一点或 [闭合(C)/放弃(U)]：@12<60✓
指定下一点或 [闭合(C)/放弃(U)]：✓

执行结果如图 10-26 所示。

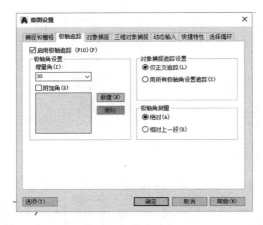

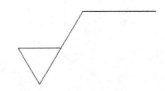

图 10-25　【极轴追踪】选项卡　　　　　　图 10-26　绘制粗糙度符号

**步骤 2** 单击【绘图】工具栏上的【创建块】按钮，或执行【绘图】/【块】/【创建】菜单命令，即执行 block 命令，将如图 10-26 所示的粗糙度图形设定为块。

**步骤 3** 单击【绘图】工具栏上的【插入块】按钮，或执行【插入】/【块】菜单命令，即执行 insert 命令，打开【插入】对话框，按如图 10-27 所示设置插入参数。

执行结果如图 10-28 所示。

**步骤 4** 单击【绘图】工具栏上的【多行文字】按钮 **A**，或执行【绘图】/【文字】/【多行文字】菜单命令，即在命令行执行 mtext 命令，输入粗糙度数值 1.6 和 3.2，文字高度为 2.5，并将 3.2 旋转 90°，输入粗糙度数值 6.3，文字高度为 3.5，输入"其余"两字，文字高度为 5，执行结果如图 10-29 所示。

### 9．填写标题栏和技术要求

**步骤 1** 在标题双击，打开如图 10-30 所示的【增强属性编辑器】对话框，利用该对话框，根据提示输入对应的属性值。

图 10-27  设置插入参数

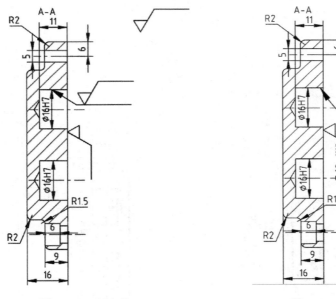

图 10-28  插入块

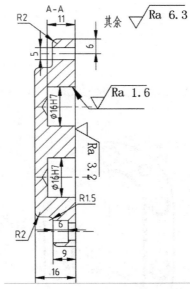

图 10-29  输入文字

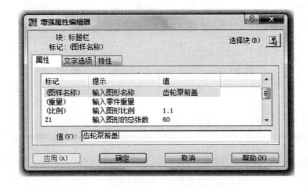

图 10-30 【增强属性编辑器】对话框

步骤 **2** 单击 确定 按钮，完成标题栏的填写，如图 10-31 所示。

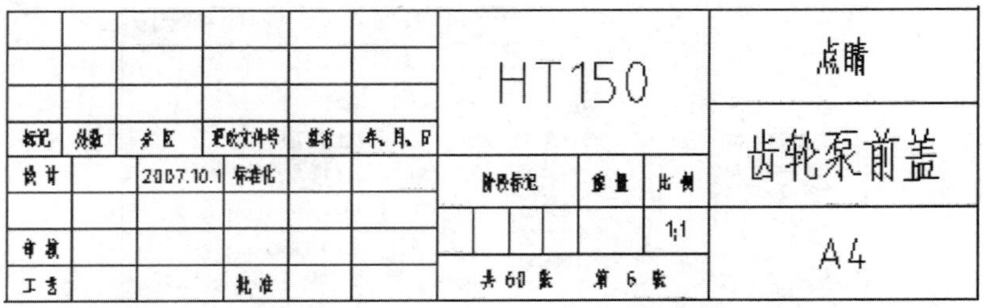

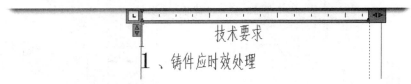

图 10-31　填写标题栏

步骤 **3** 单击【绘图】工具栏上的【多行文字】按钮**A**，或执行【绘图】/【文字】/【多行文字】菜单命令，即在命令行执行 mtext 命令，输入技术要求，如图 10-32 所示。

图 10-32　输入技术要求

齿轮泵前盖设计最终效果如图 10-33 所示。

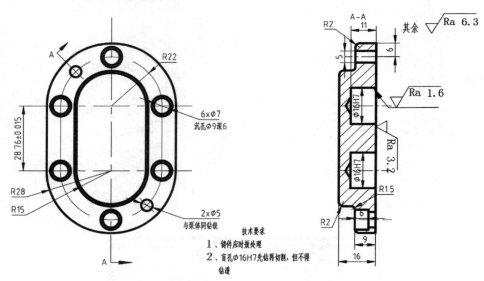

图 10-33　齿轮泵前盖设计最终效果图

# 10.2　综合实例——法兰盘设计

法兰盘是机械中常见的盘盖类零件。本例的设计思路是：先设置绘图环境，然后绘制主视图，根据主视图绘制左视图，最后标注尺寸并填写技术要求和标题栏。

这里以"法兰盘"为例，将盘类零件的结构特点总结如下。

- 盘类零件主要结构形状由同一轴线上的各个圆柱面组成，如图 10-34 所示的法兰盘，主要由 3 个外圆柱面及 1 个内圆柱面组成。
- 盘类零件的螺丝孔均匀分布在盘面上，而定位销孔呈对称分布，并且都处在同一盘面上。

绘制如图 10-34 所示的法兰盘并标注尺寸。

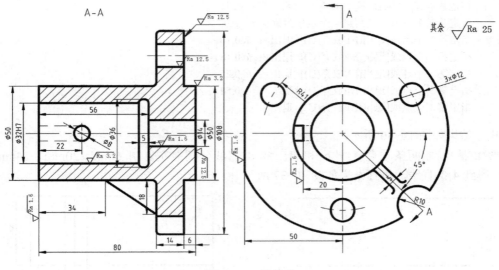

图 10-34　法兰盘

### 操作步骤

#### 1．创建新图形

首先创建新图形，参照本书前面介绍的知识进行图层设置和图框绘制等操作，或直接以云盘中的文件"Gb-a4-h.dwt"为样板建立新图形。

#### 2．绘制主视图

**步骤 1**　绘制辅助线。将"粗实线"图层设为当前图层。

**步骤 2**　执行 line 命令，绘制如图 10-35 所示的辅助线，其中 a 直线和 b 直线为一条直线，只是从中间断开，其中 a 直线的长度为 80mm，b 直线及其垂直中心线的长度约为 110mm。

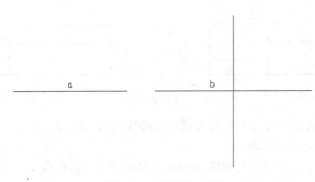

图 10-35　绘制中心线

**步骤 3** 复制中心线。将中心线 a 垂直向上复制 5 份，复制距离分别是 7mm、16mm、18mm、25mm 和 54mm。单击【绘图】工具栏上的【复制】按钮 ，或在菜单栏执行【修改】/【复制】菜单命令，即在命令行执行 copy 命令，AutoCAD 提示如下。

```
选择对象：（拾取中心线）
选择对象：↙
指定基点或[位移(D)/模式(O)]<位移>：（任意拾取一点）
指定第二个点或 <使用第一个点作为位移>：@0,7↙
指定第二个点或[退出(E)/放弃(U)]<退出>：@0,16↙
指定第二个点或[退出(E)/放弃(U)]<退出>：@0,18↙
指定第二个点或[退出(E)/放弃(U)]<退出>：@0,25↙
指定第二个点或[退出(E)/放弃(U)]<退出>：@0,54↙
指定第二个点或[退出(E)/放弃(U)]<退出>：↙
```

执行结果如图 10-36 所示。

**步骤 4** 绘制两条垂直直线 c 和 d，将 d 直线分别向左复制 6mm、20mm、24mm 和 29mm 得到 4 条直线，执行结果如图 10-37 所示。

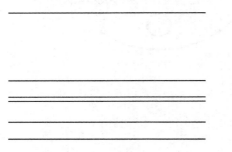

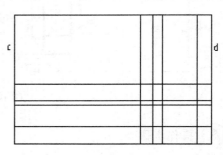

图 10-36　复制中心线　　　　　　　　　　　　图 10-37　复制垂线

**步骤 5** 修剪。参照图 10-34 对上述直线进行修剪，生成主视图的基本轮廓，执行结果如图 10-38 所示。

**步骤 6** 圆角。在相应的位置绘制过渡圆角，圆角半径为 2mm，执行结果如图 10-39 所示。

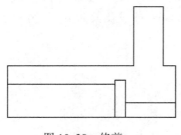

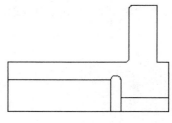

图 10-38　修剪　　　　　　　　　　　　　　　图 10-39　圆角

**步骤 7** 镜像。以最下方的水平线为镜像线镜像图 10-39 所示的图形对象，完成主视图的绘制，执行结果如图 10-40 所示。

**步骤 8** 偏移。将 a 直线向上偏移 41mm 生成直线 c，然后将 c 直线分别向上和向下各偏移 6mm，执行结果如图 10-41 所示。

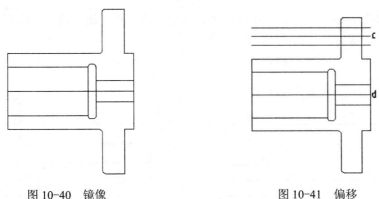

图 10-40 镜像          图 10-41 偏移

**步骤 9** 修剪。对上一步绘制的直线进行修剪，执行结果如图 10-42 所示。

**步骤 10** 绘制肋板。绘制表示肋板的直线，执行结果如图 10-43 所示。

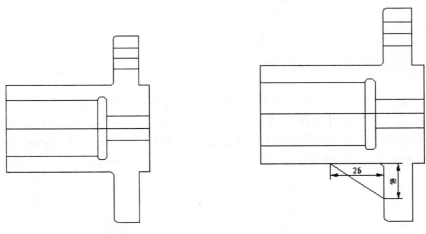

图 10-42 修剪直线          图 10-43 绘制肋板

**步骤 11** 绘制凹槽直线，执行 line 命令，AutoCAD 提示如下。

指定第一点：（按住 Shift 键单击鼠标右键，在弹出的菜单中选择【自】菜单命令）
_from 基点：（拾取"×"点）    ＜偏移＞：@0,10↙
指定下一点或 [放弃(U)]：@-14,0↙
指定下一点或 [放弃(U)]：↙

执行结果如图 10-44 所示。

**步骤 12** 绘制圆。绘制一个半径为 4mm 的圆孔，单击【绘图】工具栏上的【圆】按钮，或执行【绘图】/【圆】菜单命令，即执行 circle 命令，AutoCAD 提示如下。

指定圆的圆心或 [三点(3P)/两点(2P)/相切、相切、半径(T)]：（按住 Shift 键单击鼠标右键，在弹出的菜单中选择【自】命令）    _from 基点：（拾取"□"点）＜偏移＞：@22,0↙
指定圆的半径或 [直径(D)]：4↙

然后绘制两条水平直线 a 和 b，执行结果如图 10-45 所示。

**步骤 13** 更改图层。通过【图层】工具栏，将图 10-45 中表示中心线的线段从"粗实线"图层更改到"中心线"图层，然后通过夹点功能将中心线适当延长，将直线 a 和 b 更改到"虚线"图层，执行结果如图 10-46 所示。

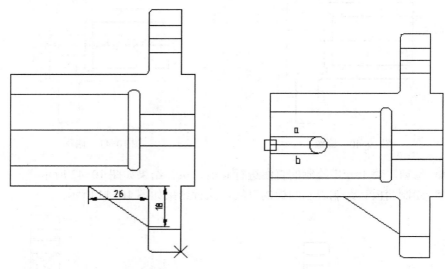

图 10-44　绘制凹槽直线　　　　　　　　　图 10-45　绘制圆

步骤 14　填充剖面线。将"剖面线"图层设为当前图层。单击【绘图】工具栏上的【图案填充】按钮，或执行【绘图】/【图案填充】菜单命令，即执行 bhatch 命令，打开【图案填充创建】选项卡。在该对话框中进行相关设置，将填充图案选择为 ANSI31，填充角度为 0，填充比例为 1，执行结果如图 10-47 所示。

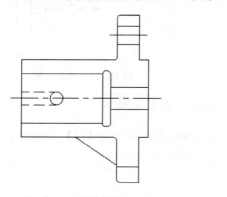
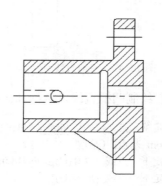

图 10-46　更改图层　　　　　　　　　　　图 10-47　填充剖面线

### 3．绘制左视图

步骤 1　绘制同心圆。将图 10-35 图中的直线 b 更改到"中心线"图层，以中心线的交点为圆心，分别绘制半径为 16mm、25mm、41mm 和 54mm 的同心圆，执行结果如图 10-48 所示。

步骤 2　绘制并阵列螺栓孔。首先以点 1 为圆心绘制一个半径为 6mm 的圆，然后以点 2 为阵列中心，将圆阵列 3 个，执行结果如图 10-49 所示。

步骤 3　绘制肋板。将水平中心线分别向上和向下偏移 2.5mm，将图中偏移的线段从"中心线"图层更改到"粗实线"图层，然后修剪，执行结果如图 10-50 所示。

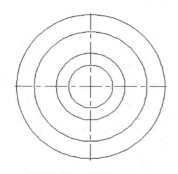

图 10-48 绘制同心圆

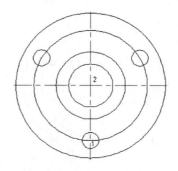

图 10-49 绘制并阵列螺栓孔

绘制圆角半径为 2mm，然后修剪，执行结果如图 10-51 所示。

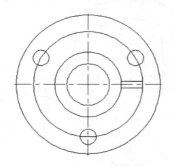

图 10-50 绘制肋板

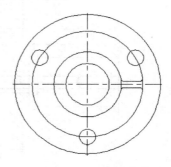

图 10-51 绘制圆角

**步骤 4** 旋转肋板。单击【修改】工具栏上的【旋转】按钮 ↻，或执行【修改】/【旋转】菜单命令，即执行 rotate 命令，AutoCAD 提示如下。

> 选择对象：（选择与肋板相关的 6 个对象）
> 选择对象：↙
> 指定基点：（拾取中心线的交点）
> 指定旋转角度，或 [复制(C)/参照(R)] <0.0>：-45↙

执行结果如图 10-52 所示。

**步骤 5** 绘制半圆形凹槽。单击【绘图】工具栏上的【圆】按钮 ⊙，或执行【绘图】/【圆】菜单命令，即执行 circle 命令，AutoCAD 提示如下。

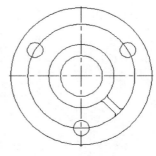

图 10-52 旋转肋板

> 指定圆的圆心或 [三点(3P)/两点(2P)/相切、相切、半径(T)]：（按住 Shift 键单击鼠标右键，在弹出的菜单中选择【自】命令） _from 基点：（拾取中心线交点） <偏移>：@54<-45↙
> 指定圆的半径或 [直径(D)] <6.0>：10↙

执行结果如图 10-53 所示。然后对圆进行修剪，执行结果如图 10-54 所示。

**步骤 6** 绘制直线。如图 10-55 所示，将 a 直线分别向左偏移 20 mm 和 50mm，生成 b 直线和 c 直线，根据主视图的小圆切线绘制直线 d 和直线 e。

**步骤 7** 修剪。修剪 b 直线、c 直线、d 直线和 e 直线，将 b 直线和 c 直线修剪后的线段从"中心线"图层更改到"粗实线"图层，执行结果如图 10-56 所示。

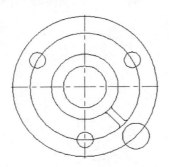

图 10-53　绘制圆

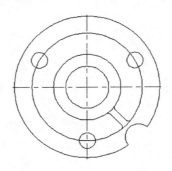

图 10-54　修剪圆

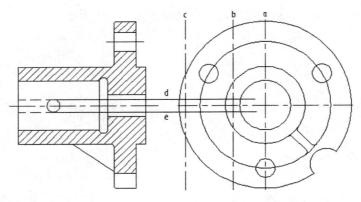

图 10-55　绘制直线

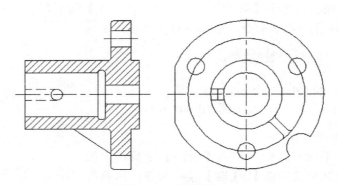

图 10-56　修剪直线

**步骤 8** 打断直线。如图 10-57 所示，将 a 直线和 b 直线打断，因为以点 1 和点 2 为界，右侧直线的线型要设置成虚线，而左侧依然保持为实线，所以必须将其打断。单击【绘图】工具栏上的【打断于点】按钮□，或执行【修改】/【打断】菜单命令，即执行 break 命令，AutoCAD 提示如下。

> 选择对象：（拾取 a 直线）
> 指定第二个打断点 或 [第一点(F)]：_f
> 指定第一个打断点：（在点 1 的"×"处，用鼠标左键单击）
> 指定第二个打断点：@

重复执行上述命令，在点 2 处打断直线 b。

步骤 9　将点 1 和点 2 右侧的 a、b 直线从"粗实线"图层更改到"虚线"图层,通过工具栏上的【特性】按钮🔧,将点 1 和点 2 右侧的 a、b 直线的线型比例更改为 0.1,这样可以清楚地显示虚线。将其放大显示,效果如图 10-58 所示。

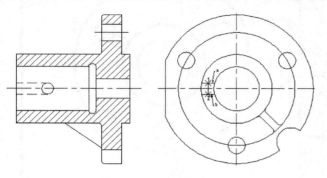

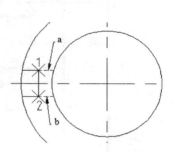

图 10-57　打断直线　　　　　　　　　　　　　图 10-58　更改图层和线型比例

步骤 10　修剪圆。对标志"R41"的圆进行修剪,然后将剩余弧线从"粗实线"图层更改到"中心线"图层,执行结果如图10-59 所示。在修剪过程中,读者自己可以绘制一些辅助直线协助修剪,最后删除辅助线即可。

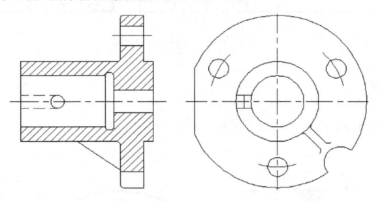

图 10-59　修剪圆

### 4. 标注剖切位置

在左视图绘制"剖切符号"的方法和本章 10.1 节例题的方法一样,采用多段线 pline 命令就可以完成,然后在主视图的上面标注"A—A"符号。

### 5. 标注尺寸

将"尺寸标注"图层设为当前工作图层,参照前面例题的方法标注两个视图中的尺寸和粗糙度。

### 6. 填写技术要求和标题栏

参照前面例题的方法填写技术要求和标题栏,本例最终结果如图 10-60 所示。

盘盖类零件在机械工程中的运用也比较广泛,在常见的传动机构、磨床等机器中都可以看到盘类零件。绘制盘盖类零件的关键是视图的选择,一般以过中心轴线的阶梯剖视图为主视图,并把中心轴线水平放置,还需要用左视图来表示盘盖的孔、槽等结构在圆周上的分布情况。

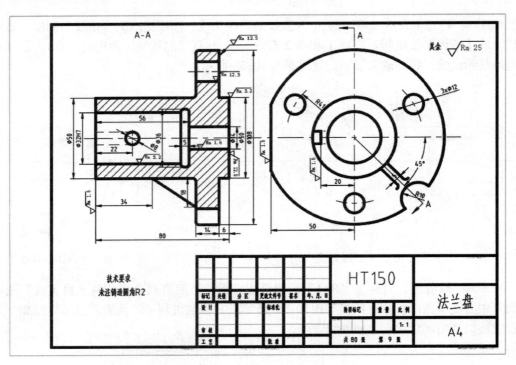

图 10-60　法兰盘的最终结果图

## 10.3　习题

（1）绘制如图 10-61 所示的端盖并标注尺寸。

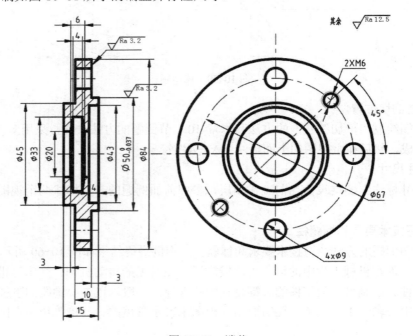

图 10-61　端盖

（2）绘制如图 10-62 所示的阀盖并标注尺寸。

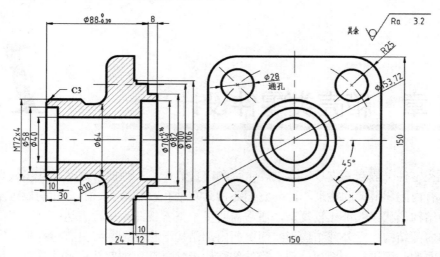

图 10-62 阀盖

# 第 11 章   箱壳类零件设计

箱壳类零件一般起着支承、容纳、定位和密封等作用，因此，这类零件多数是中空的壳体，具有内腔和薄壁的特征，此外它们还常具有轴孔、轴承孔、凸台和肋板等结构。箱壳零件的结构形状一般都比较复杂，通常需要多个基本视图来进行表达。常采用剖视图表示箱体的内部结构：当外部结构形状简单而内部结构形状复杂并且具有对称平面时，一般可对该平面的一侧进行半剖视处理；当外部结构形状复杂而内部结构形状简单，可考虑采用局部剖视的方式。

本章主要介绍箱体、阀体的绘制方法。

📖 **重点知识**
- 复习和掌握基本绘图和编辑命令
- 复习尺寸标注命令
- 掌握绘制箱壳类零件的方法

## 11.1   箱体的设计

箱体类零件是机器的主体，起着支承、容纳等作用。它的结构形状复杂，上面带有多个安装孔，并有凸台结构，需要综合运用各种绘图指令，绘制多个视图来综合表达零件的结构参数，主视图的方向一般选择箱体零件的工作位置。

绘制如图 11-1 所示的箱体。

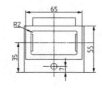
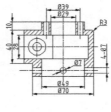
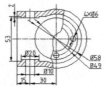

图 11-1   箱体

箱体零件图由主视图、俯视图、左视图 3 个基本视图组成。为了反映零件内腔等结构，主视图做了全剖，俯视图做了局部剖。

操作步骤

### 1. 创建新图形

首先创建新图形，参照本书前面介绍的知识进行图层设置和图框绘制等操作，或直接以云盘中的文件"Gb-a3-h.dwt"为样板建立新图形。

### 2. 绘制中心线和主视图

**步骤 1** 将"中心线"图层设为当前图层。通过执行【格式】/【线型】菜单命令，将全局比例因子设置为 0.2，执行 line 命令，绘制如图 11-2 所示的箱体中心线。

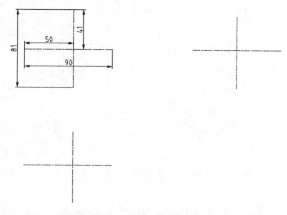

图 11-2 绘制箱体中心线

**步骤 2** 将"粗实线"图层设为当前图层。绘制出如图 11-3 所示的主视图外轮廓线。修剪后得到的主视图轮廓如图 11-4 所示。

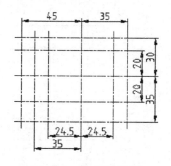

图 11-3 绘制轮廓线

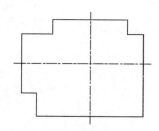

图 11-4 修剪轮廓线

**步骤 3** 执行 offset 命令，然后通过 trim 命令和改变图层的操作，绘制如图 11-5 所示的箱体主视图内腔线条。

**步骤 4** 执行 offset 命令，通过偏移得到尺寸分别为 $\phi20mm$、$\phi10mm$ 和 $\phi7mm$ 圆孔的中心线，然后执行 circle 命令，绘制这 3 个圆，执行结果如图 11-6 所示。

**步骤 5** 执行 line 命令，绘制出尺寸为 $\phi6mm$、$\phi7mm$ 的孔在主视图上的投影，执行结果如图 11-7 所示。

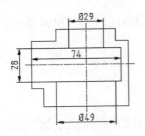

图 11-5　绘制内腔线条

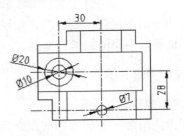

图 11-6　绘制箱体圆孔

**步骤 6** 执行 fillet 命令，绘制半径为 3mm 的圆角，然后通过 trim 命令修剪多余的线条，执行结果如图 11-8 所示。

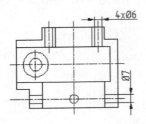

图 11-7　绘制孔的投影

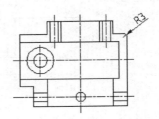

图 11-8　绘制圆角

### 3. 绘制俯视图

**步骤 1** 执行 circle 命令，根据视图的投影关系，绘制出主视图在俯视图的投影圆，执行结果如图 11-9 所示。

**步骤 2** 将"虚线"图层设为当前图层。执行 line 命令，通过投影关系绘制出左端轮廓线与圆中心线，执行结果如图 11-10 所示。

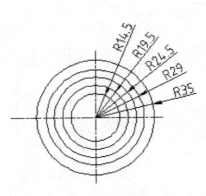

图 11-9　绘制投影圆

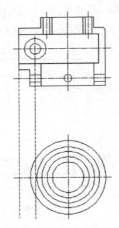

图 11-10　绘制左端轮廓线和中心线

**步骤 3** 将"粗实线"图层设为当前图层。执行 line 命令，绘制出俯视图的其他线条，执行结果如图 11-11 所示，修剪后的结果如图 11-12 所示。

**步骤 4** 修剪多余线条。执行样条曲线 spline 命令，绘制断裂线，执行结果如图 11-13 所示。再将尺寸为 $\phi$ 39mm、$\phi$ 58mm 断裂线右边的粗实线转换为细实线。执行 circle 命令绘制两个直径为 6mm 的圆，然后进行修剪和调整，绘制后的效果如图 11-14 所示。

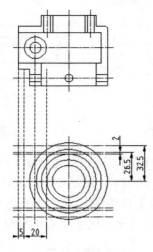

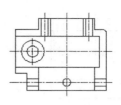

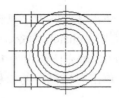

图 11-11　绘制轮廓线　　　　　　　　　　图 11-12　修剪直线

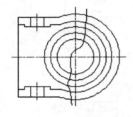

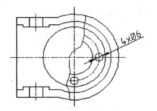

图 11-13　绘制断裂线　　　　　　　　　　图 11-14　绘制圆

### 4．绘制左视图

**步骤 1** 在"粗实线"图层，通过执行 line 命令，绘制左视图箱体内腔的结构，执行结果如图 11-15 所示。

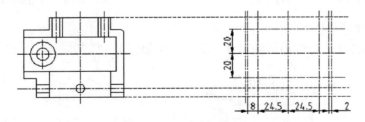

图 11-15　绘制轮廓线

**步骤 2** 执行 trim 命令，执行结果如图 11-16 所示。

**步骤 3** 执行 line 命令，绘制左视图箱体内腔的结构，执行结果如图 11-17 所示。对内腔进行圆角，圆角半径为 2mm，执行结果如图 11-18 所示。

### 5．补全主视图线条

根据视图的投影关系，执行 line 命令，绘制出主视图中圆柱内腔与矩形内腔的交线，执行结果如图 11-19 所示。

### 6．填充剖面线

**步骤 1** 将"剖面线"图层设为当前图层。

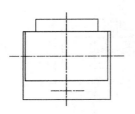

图 11-16　修剪

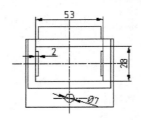

图 11-17　绘制箱体内腔

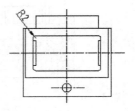

图 11-18　圆角

**步骤 2** 单击【绘图】工具栏上的【图案填充】按钮，或执行【绘图】/【图案填充】菜单命令，即执行 bhatch 命令，打开【图案填充创建】选项卡，将填充图案选择为 ANSI31，填充角度设为 0，填充比例设为 1，并通过单击【拾取点】按钮，确定填充边界。

**步骤 3** 单击对话框中的 确定 按钮，完成图案的填充，执行结果如图 11-20 所示。

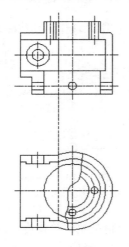

图 11-19　补全主视图线条

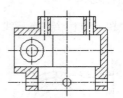

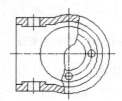

图 11-20　填充剖面线

### 7．标注尺寸

参考以前的方法，标注箱体的尺寸，执行结果如图 11-21 所示。

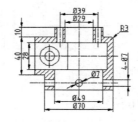

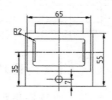

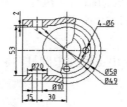

图 11-21　绘制箱体的完成图

## 11.2　阀体的设计

绘制如图 11-22 所示的阀体。

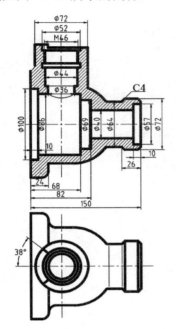
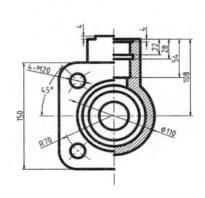

图 11-22　阀体

阀体的绘制过程比较复杂，是二维图形制作中比较典型的实例，本例的绘制思路是先绘制中心线和辅助线，然后绘制主视图，接下来再绘制俯视图，最后绘制左视图。

### 操作步骤

#### 1．创建新图形

首先创建新图形，参照本书前面介绍的知识进行图层设置和图框绘制等操作，或直接以云盘中的文件 "Gb-a1-h.dwt" 为样板建立新图形。

#### 2．绘制中心线

将 "中心线" 图层设为当前图层。执行 line 命令，绘制如图 11-23 所示的中心线和辅助线。

#### 3．绘制主视图

**步骤 1**　将水平中心线 a 向下偏移 75mm，将左边中心线 b 向左偏移 42mm，通过【图层】工具栏，将图中偏移得到的直线从 "中心线" 图层更改到 "粗实线" 图层，执行结果如图 11-24 所示。

**步骤 2**　将最左侧的垂直直线向右偏移 10mm、24mm、58mm、68mm、82mm、124mm、140mm、150mm；将中间的水平线向上偏移 20mm、25mm、32mm、39mm、40.5mm、43mm、46.5mm、55mm，执行结果如图 11-25 所示。然后利用 trim 命令对该图形修剪，执行结果如图 11-26 所示。

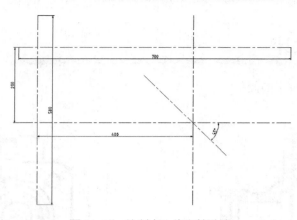

图 11-23　绘制中心线和辅助线

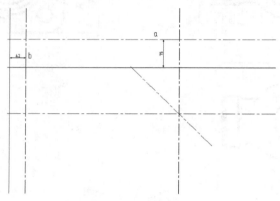

图 11-24　偏移直线

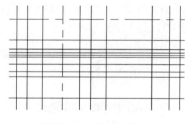

图 11-25　偏移直线

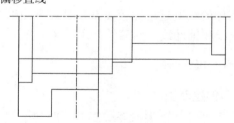

图 11-26　修剪直线

步骤 3　以图 11-27 中点 a 为圆心，以点 b 为起点绘制圆弧，圆弧终点为适当位置，执行结果如图 11-27 所示。删除 a、b 位置的直线，调用 trim 命令，修剪圆弧以及与它相交的直线，执行结果如图 11-28 所示。

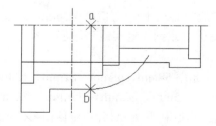

图 11-27　绘制圆弧

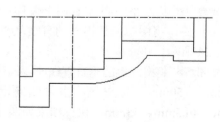

图 11-28　修剪圆弧

步骤 4 对右下边的直角进行倒角，倒角距离为 4mm，使用相同的方法，对其左边的直角倒斜角；对左下部的直角进行圆角处理，圆角半径为 10mm；对修剪的圆弧直线相交处倒圆角，半径为 3mm，执行结果如图 11-29 所示。将右下边水平线向上偏移 2mm，然后进行延伸处理，最后将延伸后的直线转换到"细实线"图层，完成螺纹牙底的绘制，执行结果如图 11-30 所示。

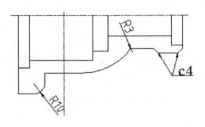

图 11-29 斜角与圆角

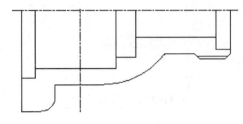

图 11-30 移线与延伸

步骤 5 执行 offset 命令，选择图 11-31 中虚线代表的对象，以水平中心线为对称轴进行镜像，执行结果如图 11-32 所示。

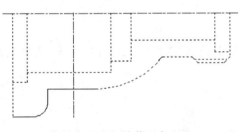

图 11-31 选择镜像对象

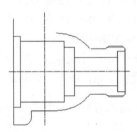

图 11-32 镜像结果

步骤 6 将垂直中心线向左向右分别偏移 18mm、22mm、26mm、36mm，将水平中心线向上分别偏移 54mm、80mm、86mm、104mm、108mm、112mm，执行结果如图 11-33 所示，修剪结果如图 11-34 所示。

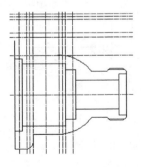

图 11-33 偏移直线

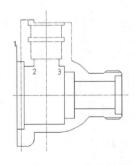

图 11-34 修剪结果

步骤 7 选择点 1 为圆弧起点，右侧适当一点为第二点，右边竖直线上适当一点为终点绘制圆弧。同样，以点 2 和点 3 为圆弧的起点和终点绘制圆弧，第二点为垂直中心线上适当位置的一点，修剪多余线条，将相关直线从"中心线"图层转换到"粗实线"图层，执行结果如图 11-35 所示。

**步骤 8** 将4、5直线向两侧各偏移 1mm，结果如图 11-36 所示。

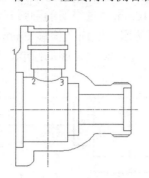

图 11-35 绘制圆弧

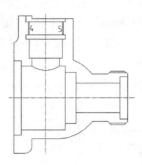

图 11-36 绘制螺纹牙底

**步骤 9** 填充剖面线。将"剖面线"图层设为当前图层。单击【绘图】工具栏上的【图案填充】按钮，或执行【绘图】/【图案填充】菜单命令，即执行 bhatch 命令，打开【图案填充创建】对话框，将填充图案选择为 ANSI31，填充角度设为 0，填充比例设为 1，并通过单击【拾取点】按钮，确定填充边界。单击对话框中的 确定 按钮，完成图案的填充，执行结果如图 11-37 所示。

**4. 绘制俯视图**

**步骤 1** 单击【修改】工具栏上的【复制】按钮，或执行【修改】/【复制】菜单命令，即执行 copy 命令，AutoCAD 提示如下。

选择对象:（拾取图 11-38 中的虚线）
选择对象: ↙
指定基点或 [位移(D)/模式(O)] <位移>:（拾取主视图水平和垂直中心线的交点）
指定第二个点或 <使用第一个点作为位移>:（拾取俯视图水平和垂直中心线的交点）
指定第二个点或 [退出(E)/放弃(U)] <退出>:↙

执行结果如图 11-38 所示。

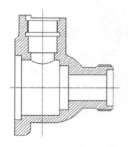

图 11-37 填充

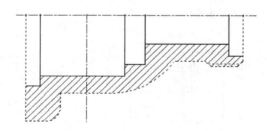

图 11-38 复制对象

**步骤 2** 拾取主视图上的相关点，向下绘制垂直辅助线，参照如图 11-39 所示绘制 4 个同心圆。以左边第四条辅助线与从外往里第二个圆的交点为起点绘制直线，在适当位置指定终点，绘制与水平线成 38°角的直线，执行结果如图 11-39 所示。

**步骤 3** 绘制右侧的辅助线，修剪后的结果如图 11-40 所示。

**步骤 4** 对如图 11-40 所示俯视图中的同心圆正下方的直角倒圆角，圆角半径为 10mm；修剪右侧的辅助线，将辅助线向左边适当位置平行复制，执行结果如图 11-41 所示。

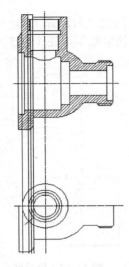
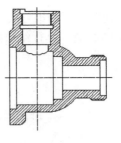
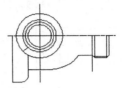

图 11-39　绘制廓线　　　　　图 11-40　修剪廓线

**步骤 5**　以水平中心线为对称线，镜像水平中心线以下所有的对象，执行结果如图 11-42 所示。

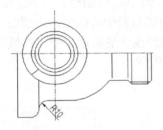
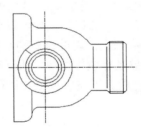

图 11-41　绘制圆角　　　　　图 11-42　镜像结果

## 5．绘制左视图

**步骤 1**　拾取主视图与俯视图上的相关点，绘制如图 11-43 所示的辅助线。

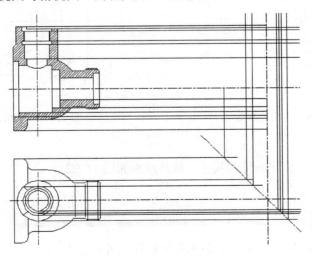

图 11-43　绘制辅助线

**步骤 2** 按主视图水平辅助线与左视图中心线指定的交点为圆弧上的一点，以中心线交点为圆心绘制 5 个同心圆，执行结果如图 11-44 所示。修剪结果如图 11-45 所示。

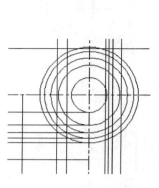

图 11-44　绘制同心圆

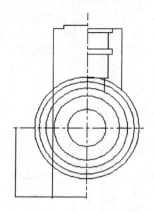

图 11-45　修剪结果

**步骤 3** 对图 11-45 中左下角直角倒圆角，半径为 25mm。在"中心线"图层，以垂直中心线交点为圆心绘制半径为 70mm 的圆。以垂直中心线交点为起点，向左下方绘制 45°斜线。在"粗实线"图层，以半径为 70mm 的圆与斜中心线的交点为圆心，绘制半径为 10mm 的圆，在"中心线"图层，以半径为 10mm 的圆与斜中心线交点为圆心，绘制半径为 12mm 的圆，利用夹点功能修剪同心圆的中心线圆与斜线。然后以水平中心线为镜像线，对前面绘制的对象进行镜像处理，执行结果如图 11-46 所示。

**步骤 4** 修剪并填充左视图，执行结果如图 11-47 所示。

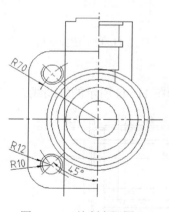

图 11-46　绘制左视图

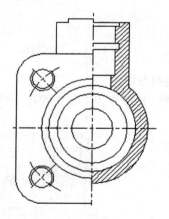

图 11-47　修剪、填充结果

### 6．标注尺寸

参考以前的方法，标注阀体的尺寸，最终结果如图 11-22 所示。

## 11.3　习题

（1）绘制如图 11-48 所示的齿轮泵机座并标注尺寸。
（2）绘制如图 11-49 所示的箱体零件并标注尺寸。

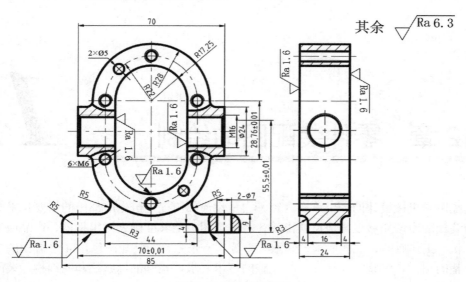

图 11-48 齿轮泵机座

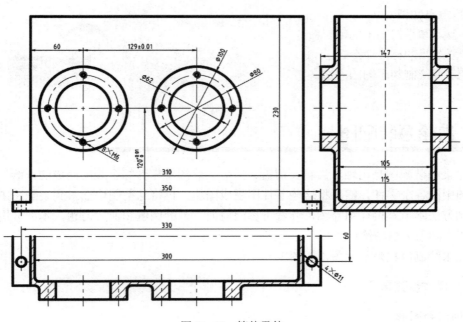

图 11-49 箱体零件

# 第 12 章　零件装配图的绘制

装配图是机械设计的一个重要内容。它是设计部门提交给生产部门的重要技术文件，合格的装配图应该能够很好地反映出设计者的意图，能够准确表达出机器、产品或部件的结构形状、工作原理、性能要求、装配关系等。一张完整的装配图包含 4 个方面的内容：装配完整的图样、完整的尺寸标注、完整的技术要求、正确的标题栏和明细栏。装配图的绘制方法有直接绘制法、零件图块插入法、图形文件插入法、利用设计中心拼装法 4 种。

本章主要通过具体范例介绍装配图的插入绘制方法。

📖 **重点知识**

- 复习和掌握基本的编辑命令
- 复习尺寸标注命令
- 掌握绘制装配图的方法

## 12.1　齿轮泵装配图

齿轮泵的装配图是由轴、齿轮、前盖、后盖、垫圈等零件综合装配而成的，绘制思路是先绘制图中的各个零件，然后将这些零件图生成图块，再将这些图块插入到装配图中，零件图的绘制方法本节不再详细介绍，读者可参阅前面章节的例题和课后习题，本部分用到的零件图直接在随书云盘中给出。

下面来绘制齿轮泵装配图，如图 12-1 所示。

🔨 **操作步骤**

### 1．创建新图形

首先创建新图形，参照本书前面介绍的知识进行图层设置和图框绘制等操作，或直接以云盘中的文件"Gb-a4-h.dwt"为样板建立新图形。

### 2．装配图

**步骤 1**　创建块。分别打开"传动轴.dwg""螺母.dwg""垫圈.dwg""齿轮.dwg""齿轮泵前盖.dwg""齿轮泵后盖.dwg""齿轮泵体.dwg"等文件，执行【绘图】/【块】/【创建】菜单命令，将文件中的图形进行创建块，块名与文件名相同，基点分别选择 A、B、C、D、E、F、G，其他设置参考图 12-2。

**步骤 2**　分别打开"传动轴.dwg""螺母.dwg""垫圈.dwg""齿轮.dwg""齿轮泵前盖.dwg""齿轮泵后盖.dwg""齿轮泵体.dwg"等文件，执行【编辑】/【复制】菜单命令，将文件中的图形进行复制，然后在新建立的图形文件中粘贴，执行结果如图 12-3 所示。

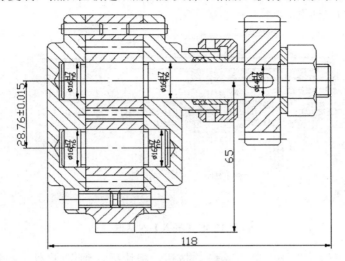

图 12-1　齿轮泵装配图

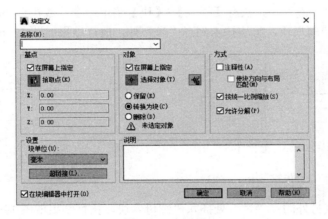

图 12-2　创建块

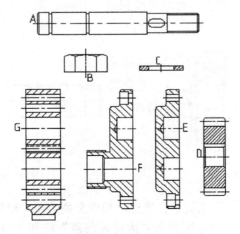

图 12-3　粘贴

**步骤 3** 插入"齿轮"块，通过执行【插入】/【块】菜单命令，或执行 insert 命令，弹出如图 12-4 所示的对话框。

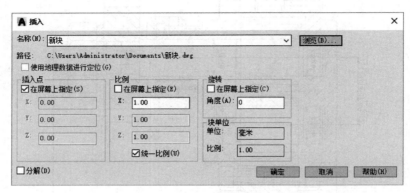

图 12-4 【插入】对话框

**步骤 4** 选择"齿轮"块，单击 确定 按钮，将块插入到点 1 处，执行结果如图 12-5 所示。

**步骤 5** 插入"垫圈"块，执行【插入】/【块】菜单命令，或执行 insert 命令，在弹出的对话框中选择"垫圈"块，将块插入到点"×"处，执行结果如图 12-6 所示。

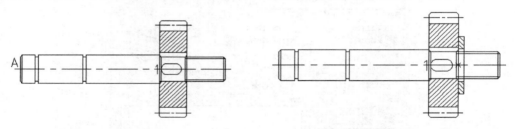

图 12-5 插入"齿轮"块　　　　　　　　图 12-6 插入"垫圈"块

**步骤 6** 同样在另外的点"×"处插入"螺母"块，执行结果如图 12-7 所示。

**步骤 7** 执行分解 explode 命令，将图中各块分解。

**步骤 8** 执行删除 erase 命令，将填充线删除，再调用修剪命令 trim，修剪多余直线，执行结果如图 12-8 所示。

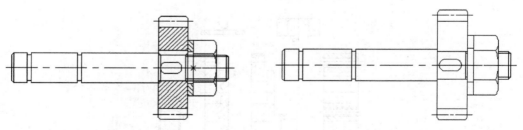

图 12-7 插入"螺母"块　　　　　　　　图 12-8 编辑图形

**步骤 9** 重新在"剖面线"图层进行填充，角度分别为 0°和 90°，如图 12-9 所示。

**步骤 10** 在两个点"×"处分别插入"齿轮泵前盖"块和"齿轮泵后盖"块，插入"齿轮泵后盖"块时旋转角度为 180°，执行结果如图 12-10 所示。

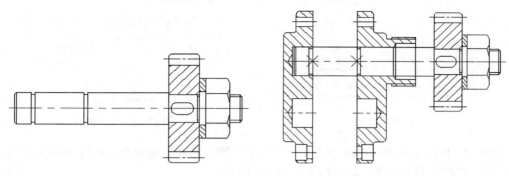

图 12-9 重新填充图形　　　　　　图 12-10 插入前后盖块

**步骤 11** 在图 12-10 左侧 "×" 点插入 "齿轮泵体" 块，执行结果如图 12-11 所示。

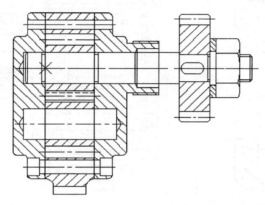

图 12-11 插入 "齿轮泵体" 块

**步骤 12** 执行分解命令 explode，将图中各块分解。

**步骤 13** 执行删除命令 erase，删除多余直线，再调用修剪命令 trim，修剪多余直线，执行结果如图 12-12 所示。

**步骤 14** 执行 copy 和 mirror 命令，绘制传动轴，执行结果如图 12-13 所示。

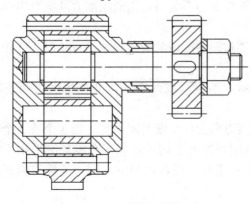 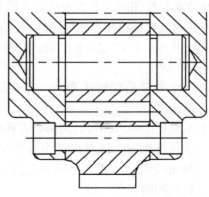

图 12-12 修剪删除　　　　　　　图 12-13 绘制传动轴

**步骤 15** 执行 line 和 offset 命令，绘制销钉和螺钉，结果分别如图 12-14 和图 12-15 所示。

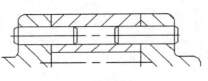

图 12-14　绘制销钉

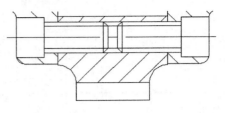

图 12-15　绘制螺钉

**步骤 16**　执行 line 和 offset 命令，绘制轴套、密封圈和压紧螺母；执行 bhatch 命令，在
"剖面线"图层绘制剖面线，执行结果如图 12-16 所示。

**步骤 17**　最终完成齿轮泵装配图的绘制，执行结果如图 12-17 所示。

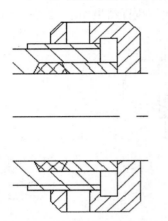

图 12-16　绘制轴套、密封圈和压紧螺母

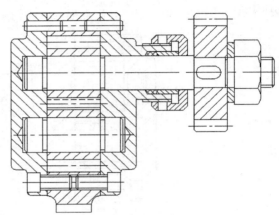

图 12-17　绘制完成后的齿轮泵装配图

### 3．尺寸标注

参考以前的方法，标注阀体的尺寸，最终结果如图 12-1 所示。

装配图与零件图的区别在于：装配图所要表达的是若干零件综合的装配关系，而零件图
表达的是单个零件的形状。

在绘制装配图时，要以表达的零件装配关系为中心，采用适当的绘图方法把对零件的内
部、外部的结构形状和主要的结构表示清楚。

在使用 AutoCAD 2018 绘制装配图时，需要按照装配图的规定画法进行绘制，比较重要
的规定画法如下。

- 两个零件的接触表面用一条轮廓线表示，不能画成两条线，非接触面用两条轮廓
  线表示。
- 在剖视图中，相接触的两个零件的剖面线方向应相反或间隔不等。当 3 个或 3 个以上
  零件接触时，除其中两个零件的剖面线倾斜方向不同外，第三个零件应采用不同的
  剖面线间隔，或者与同方向的剖面线位置错开。在各视图中，同一零件的剖面线方
  向与间隔必须一致。

# 12.2　习题

（1）绘制如图 12-18 所示的钻模装配图并标注尺寸。

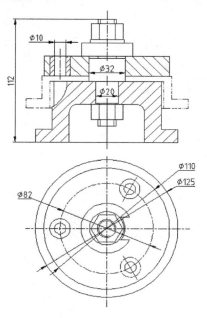

图 12-18　钻模装配图

（2）绘制如图 12-19 所示的减速器装配图并标注尺寸（零件图在随书云盘中）。

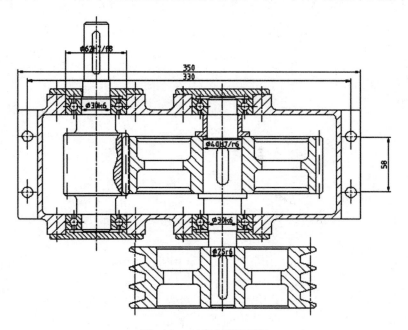

图 12-19　减速器装配图